LE

PAYSAGE MORAINIQUE

SON ORIGINE GLACIAIRE

ET SES RAPPORTS AVEC LES FORMATIONS PLIOCÈNES D'ITALIE

PAR

E. DESOR

AVEC DEUX CARTES

PARIS

SANDOZ & FISCHBACHER   REINWALD & Cⁱᵉ
33, RUE DE SEINE, 33   15, RUE DES SAINTS-PÈRES, 15

NEUCHATEL

LIBRAIRIE GÉNÉRALE JULES SANDOZ

1875

DÉDIÉ

A

CHARLES MARTINS

PAR

SON ANCIEN AMI ET COMPAGNON DE VOYAGE ET D'ÉTUDE

E. DESOR

PRÉFACE

Le travail que j'offre aujourd'hui au public n'est pas né d'un seul jet. Un résumé de la partie géographique et descriptive a été communiqué à la réunion de la Société helvétique des sciences naturelles à Schaffhouse en 1873. C'est là aussi que j'ai essayé de rattacher le paysage morainique aux anciens glaciers, plutôt que d'y voir un phénomène purement alluvial. Plus tard, j'ai eu l'occasion de vérifier l'exactitude de ma théorie, au pied des Alpes d'Allemagne.

J'ai la conviction que les formes et les aspects qu'il s'agit de préciser dans cet Essai, ne sont pas limités à la seule chaîne des Alpes. Déjà on en a rencontré des traces en Scandinavie, en Angleterre, au Caucase, aux États-Unis, et tout nous autorise à supposer qu'ils doivent se retrouver au pied des Pyrénées, dans les montagnes de l'Auvergne et jusque dans l'Altaï. Quand leur généralité sera reconnue, il y aura lieu, peut-être, de les réunir dans un groupe à part, qui trouvera sa place dans l'échelle des formations géologiques, à côté des terrains diluviens proprement dits.

L'été de 1874 devait donner à ces études un intérêt nouveau et tout-à-fait inattendu. M. le professeur Stoppani, de Milan, venait d'exposer sa théorie sur le parallélisme des formations récentes de la Haute-Italie, d'après laquelle les terrains de transport du pied des Alpes lombardes (le Ceppo) seraient contemporains des argiles pliocènes. Cette théorie ne paraissait pas devoir réunir beaucoup de suffrages, lorsqu'une découverte inespérée vint la mettre en relief, en révélant la présence de coquilles marines au milieu même du terrain morainique d'Italie. Me trouvant dans ce moment à Milan, avec M. le professeur Schimper, nous n'eûmes garde de manquer l'occasion qui se présentait de vérifier le fait qui nous était signalé, et de compléter en même temps nos études sur la configuration du terrain morainique. Le récit de cette course a fait l'objet d'une seconde communication à l'assemblée générale de la Société helvétique réunie à Coire en 1874; elle se trouve reproduite en français dans le second chapitre de cet ouvrage, par les soins de M. James Guillaume.

J'aurais pu, j'aurais dû peut-être m'en tenir là. Mais la curiosité scientifique a ses tentations. De même qu'en histoire naturelle on passe volontiers de la zoologie à l'anatomie comparée, de même en géographie, après avoir étudié les formes et la physionomie du paysage morainique, j'ai été entraîné à en analyser les éléments variés, à les coordonner en vue de tracer, sinon le tableau, du moins l'esquisse de cette période toute chaotique, mais intéressante quand même, puisque de ses ruines sont nés les dépôts superficiels qui, par leur fertilité, devaient rendre le globe apte à devenir le séjour de l'homme civilisé.

Etant admis que les phénomènes erratiques représentent

toute une période de l'histoire de la terre, il s'agit maintenant de déterminer, à la faveur des faits nouveaux que le paysage morainique vient de nous révéler, la succession des grands phénomènes qui caractérisent la remarquable époque que l'on qualifie de *quaternaire*. On verra dans le cours de cet exposé que j'ai été conduit à classer les événements dans un ordre chronologique différent de celui qui est adopté généralement. Il place la grande invasion glaciaire à la fin de l'époque erratique, au lieu de la faire succéder directement au dernier soulèvement des Alpes.

Ce résultat, en apparence insignifiant, pourrait ne pas être sans importance pour les études préhistoriques, aujourd'hui qu'il est démontré que l'homme n'a pas seulement été contemporain d'animaux de race perdue, mais qu'il vivait à l'époque interglaciaire. Dès lors il a été témoin des grandes inondations qui sont survenues à la suite de la fonte des glaces, si même il n'en a été la victime. Or, comme les traces de ces débâcles se montrent partout, non seulement dans l'ancien mais aussi dans le nouveau continent, il est permis de se demander si peut-être on ne doit pas faire remonter à la fonte des glaciers diluviens la tradition de ce déluge universel qui se retrouve chez les peuples des deux hémisphères.

J'estime que dans un domaine aussi neuf que celui-ci, s'agissant d'une période de l'histoire de la terre dont l'on ne fait qu'entrevoir les phases diverses, il serait téméraire de prétendre faire concorder, dores et déjà, tous les phénomènes qui s'y rapportent. Il existe à cet égard encore bien des points d'interrogation. Loin de les atténuer, je voudrais au contraire les mettre en saillie, persuadé que ce sera le moyen de provoquer de nouvelles investigations. C'est pourquoi je leur ai consacré un chapitre à part, sous le titre de *Doutes et difficultés*. Je m'y suis cru d'autant plus autorisé que pendant la rédaction de cet Essai, M. B. Gastaldi publiait une brochure intitulée : *Sur les glaciers pliocéniques de M. E. Desor*, Turin 1875, destinée à réfuter les idées que j'avais émises dans la réunion de Coire sur les rapports de l'époque glaciaire avec le pliocène. J'ai essayé de répondre de mon mieux aux objections de mon savant ami. C'est au public scientifique de décider.

Ce n'est donc pas une synthèse générale de l'époque quaternaire qu'on doit s'attendre à trouver dans ces pages, encore moins un tableau synoptique de ses diverses phases dans les différents pays. Ce n'est que d'hier que nous savons que les phénomènes glaciaires ne sont pas un simple accident. A chaque nouvelle enquête nous voyons cette mystérieuse époque se présenter sous des aspects inattendus. A l'heure qu'il est, nous n'en connaissons guère que les principaux jalons, et il est à présumer que bien des surprises nous sont réservées. J'aurai cependant atteint mon but, si, par l'étude des dépôts erratiques, de leur distribution, de leurs rapports avec les formations antérieures, je parviens à fixer d'une manière générale la succession des événements dans le domaine des Alpes.

Les deux cartes qui accompagnent cet Essai contribueront, je l'espère, à en faciliter l'intelligence. L'une, à l'échelle de 1 : 50,000, représente les dépôts morainiques de l'ancien glacier de l'Aar, tels qu'ils s'étendent au pied du Stockhorn. L'autre est une carte à très grande échelle (1 : 2,500), avec courbes de niveau équidistantes seulement de trois mètres, représentant la moraine du glacier supérieur de Grindelwald

avec les limites du glacier telles qu'elles existaient en 1862.
Depuis lors, le glacier s'est considérablement retiré, abandonnant tout l'espace teint de bleu, qu'il recouvrait alors. Je
dois cette dernière carte à M. Gustave Dollfus. C'est un des
nombreux travaux que feu M. Dollfus-Ausset, son père, fit
exécuter dans l'intérêt des études glaciaires. Rendons hommage à la piété filiale qui a tenu à honneur de faire valoir
des travaux aussi utiles.

Qu'il me soit permis d'exprimer aussi ma reconnaissance
à l'éminent chef du Bureau topographique fédéral, M. le
colonel Siegfried, à qui je dois de pouvoir utiliser la carte
des environs d'Amsoldingen, qui fut établie par les soins de
l'état-major pour les exercices militaires fédéraux.

Neuchâtel, le 1 juin 1875.

L'AUTEUR.

CHAPITRE PREMIER

DESCRIPTION DU PAYSAGE MORAINIQUE — SA SIGNIFICATION

Le terme seul de *paysage* indique d'avance qu'il ne s'agit pas ici d'une notion rigoureusement scientifique. Un paysage n'est pas en soi quelque chose de nettement délimité, comme une chaîne de montagnes, le bassin d'un fleuve, un groupe de glaciers. Il n'en est pas moins vrai qu'il existe une quantité de types de paysages, qui sont assez prononcés pour pouvoir être compris de chacun, sans qu'il soit besoin pour cela d'études géologiques ou géographiques spéciales. Qui ne reconnaît, par exemple, le paysage alpestre, un frais pâturage avec de hauts rochers ou des montagnes neigeuses à l'arrière-plan, le paysage jurassique avec ses sombres forêts de sapins et ses croupes arrondies, le paysage des collines molassiques avec ses grasses prairies et ses sources jaillissantes, le paysage de la plaine, ses chaumières et ses grands

1

arbres, celui des landes, celui du désert, celui des ballons volcaniques, etc.?

A ces types je voudrais en ajouter un nouveau, celui du paysage morainique, c'est-à-dire de cette configuration particulière qui se distingue par une extrême diversité de formes, jointe à une variété correspondante dans la structure du sol, et qu'on rencontre parfois au milieu de la plaine, mais le plus souvent au pied des hautes chaînes de montagnes.

Ce fut dans la Haute-Italie, en explorant les lacs de la Lombardie au point de vue préhistorique, que je fus frappé de la persistance de ce type remarquable de paysage. Mon attention avait été attirée spécialement par la partie inférieure du Lac Majeur, puis par le lac de Varese, et par les divers petits lacs qui l'entourent, ceux de Bardello, de Monate, de Commabbio. J'avais eu la bonne fortune d'y découvrir les premières habitations lacustres de l'Italie. Il est possible que le succès de mon entreprise m'eut disposé à voir les choses en beau : quoi qu'il en soit, je ne pouvais assez admirer le charme de cette contrée, tout en fouillant et en scrutant le fond des lacs. Les lacustres eux-mêmes ne m'apparaissaient plus aussi chétifs, depuis que j'avais pu constater avec quel discernement ils savaient choisir leurs résidences.

Il paraît du reste que ce ravissant coin de terre jouit depuis longtemps, parmi les artistes, d'une réputation méritée. On y trouve une variété infinie de formes, de couleurs, de contrastes; le voyageur rencontre tantôt une colline boisée,

tantôt un lac ou un marais, plus loin des champs d'une rare
fertilité, de grasses prairies, de riches vignobles couronnés
de loin en loin par une villa, qui témoignent de l'aisance de
leurs propriétaires. Il est permis au géologue, aussi bien
qu'à l'artiste et au touriste, de se réjouir à la vue d'un paysage où tous les détails forment un ensemble aussi har-
monieux. Mais tandis que l'artiste se contente de la belle
réalité, sans se préoccuper de l'origine des formes qu'il
admire, le naturaliste est conduit à se demander comment
il se fait que le sol présente cette configuration particulière,
précisément au pied des montagnes? Et la chose est effectivement d'autant plus frappante, que ce district est limité d'un
côté par les hautes montagnes aux pentes escarpées, et de
l'autre par la plaine lombarde. Il est hors de doute qu'il a
fallu ici des influences spéciales pour produire un contraste
si particulier.

Si l'on examine la nature du sol qe cette région, on reconnaît qu'à l'exception de quelques grandes collines qui se composent de roches massives, toute la contrée est formée de
matériaux meubles, de sable, de graviers, alternant avec du
limon et de la marne, et offrant çà et là des blocs erratiques
de granit: ce sont évidemment les débris de formations plus
anciennes, réduits et usés par le frottement.

Il ne faut pas toutefois attacher une trop grande importance à cette constitution du sol, car la plaine lombarde aussi
est formée de matériaux meubles, et malgré cela sa physionomie est tout autre. Aussi le critérium prépondérant du

paysage morainique gît-il dans la configuration plutôt que dans la constitution du sol. Les matériaux, tant de la plaine que de la zone morainique, sont le produit des gigantesques glaciers qui s'avançaient jadis jusque dans la plaine lombarde. La seule différence, c'est qu'au pied des montagnes les dépôts erratiques ont conservé leur forme primitive particulière : ils ont gardé le même aspect chaotique et irrégulier qu'ils avaient quand le glacier les a apportés, tandis que dans la plaine ces mêmes matériaux ont été travaillés et façonnés par les inondations, qui les ont stratifiés et remaniés. Auprès des lacs de Varese, de Commabbio, de Monate, nous avons affaire spécialement aux moraines de l'ancien glacier de la vallée du Tessin, qui les a laissées là lorsqu'il a commencé à abandonner la plaine et à se retirer dans les montagnes.

La Brianza, entre les deux bras du lac de Côme, nous offre un spectacle de la même nature. De tout temps, cet admirable paysage a été regardé par les Milanais comme une espèce de paradis terrestre, où l'on respire un air pur et sain, où les eaux sont fraîches et salutaires, où se trouvent les plus beaux fruits et les meilleurs poissons, et où les hommes atteignent le plus haut degré de longévité. Le sol y présente la même conformation qu'à Varese, et le paysage offre le même caractère : ici aussi, l'extrême variété des formes du terrain produit la plus grande diversité dans les genres de cultures. La contrée qu'on traverse en allant de Côme à Lecco par Erba passe avec raison pour une des plus riches et des plus

pittoresques qu'on puisse voir, et les petits lacs comme ceux
d'Alserio, de Pusiano, d'Anone, sont de jolis bassins qui dé-
cèlent une origine identique à celle des lacs des environs de
Varese. Ils appartiennent au domaine erratique du grand
glacier de l'Adda, au temps où celui-ci s'étendait au pied des
Corni di Canzo et du Pizzo de Forno. Ici aussi on ne peut
méconnaître le caractère morainique. C'est précisément ce mélange de vallons, de collines, de lacs, d'étangs, qui donne au
paysage son charme particulier, lequel est encore accru par
le voisinage des hautes sommités, et par celui des deux bras
du beau lac de Côme, qui enveloppent la Brianza.

À l'ouest du Lac Majeur, l'action des glaciers n'a pas laissé
des traces moins dignes d'intérêt. Je puis ici m'appuyer sur
le témoignage de mon ami Gastaldi, l'éminent directeur du
musée de Turin. Voici ce qu'il m'écrit à ce sujet :

« L'amphithéâtre morainique de la vallée d'Aoste est une
reproduction fidèle du type de paysage que présente l'issue
de la vallée du Tessin. Il est peut-être moins étendu, mais il
offre en revanche l'avantage d'être complétement isolé de
tous les côtés: en effet, le val de Cérvo, qui se trouve à l'est,
est dépourvu de moraines, et le val d'Orco, situé à l'ouest,
ne possède qu'un amphithéâtre morainique tout-à-fait insignifiant. Du reste, il ne serait pas juste de méconnaître la
puissance des anciennes moraines de la vallée d'Aoste, puisque leur flanc gauche (la Serra d'Ivrea) n'a pas moins de 28
kilomètres de longueur et s'étend à pareille distance dans la
plaine du Pô.

» On retrouve le même caractère dans les moraines de Rivoli, au point où la Dora Riparia sort des montagnes. L'amphithéâtre morainique est moins puissant, il est vrai, mais pourtant assez considérable pour embrasser le territoire de douze communes. Il faut ajouter que l'un et l'autre amphithéâtre contiennent quelques petits lacs : l'amphithéâtre d'Ivrée possède les lacs de Piverone et de Candia, l'amphi-théâtre de Rivoli ceux de Trane et d'Avigliana. »

Il peut sembler absurde, au premier coup d'œil, d'attribuer l'origine de ces gracieux paysages, de ces districts privilégiés de notre continent, à la plus redoutable de toutes les révolutions du globe, à la période glaciaire. Mais si l'on dépouille, par la pensée, ces collines de leur parure et de leur luxe, on les verra dans toute leur chaotique et sauvage nudité, telles que le vieux glacier les a apportées là jadis.

Néanmoins, le paysage morainique ne se trouve pas toujours nécessairement placé à l'issue des grandes vallées. On peut observer ailleurs et dans d'autres conditions géographiques des phénomènes du même genre; ainsi, par exemple, à l'extrémité méridionale du lac de Garde, particulièrement dans les environs de Castiglione, où la configuration du terrain présente une extrême diversité. Le sol y est semé d'innombrables collines, qui semblent disposées en cercles concentriques, comme on le remarque dans les moraines terminales de nos glaciers actuels. On a souvent répété, du reste, que la bataille de Solferino avait été livrée sur les moraines de l'ancien glacier de l'Adige. Ce qui distingue ce paysage morainique de ceux des territoires de Varese, de la Brianza et d'Aoste, c'est qu'il n'est pas adossé aux Alpes comme ces derniers, mais qu'il se trouve isolé au milieu de la plaine: aussi ne produit-il pas, à beaucoup près, autant d'effet, et n'offre-t-il pas, au point de vue pittoresque, les mêmes attraits[1].

Puisque les anciennes moraines ont exercé, sur le versant méridional des Alpes, une influence si durable sur la configuration du sol, il faut s'attendre à rencontrer les mêmes phénomènes sur le versant septentrional, car les anciens glaciers y ont joué certainement un rôle aussi considérable, sinon plus considérable encore, que du côté du midi.

Effectivement, ces phénomènes ne font pas défaut. Le paysage morainique s'y retrouve sur nombre de points, quoique son aspect soit moins frappant que dans la Haute-Italie, où cette zone forme la seule transition entre deux grands contrastes, la haute chaîne escarpée des Alpes, d'une part, et les plaines unies de la Lombardie, d'autre part. Chez nous, sur le versant nord, les choses se passent autrement. Non seulement les premiers contre-forts des Alpes sont moins élevés, mais on trouve en outre à leurs pieds la zone de la molasse soulevée, avec ses rangées de collines qui forment une sorte de transition entre les grands massifs et les accidents morainiques. Il ne faut pas perdre de vue non plus, que du côté

---

[1] Il existe une carte en relief de la moraine du glacier de l'Adige, dont il n'a malheureusement été tiré que quelques exemplaires; l'un d'eux se trouve en la possession de M. le professeur Stoppani, à Milan. L'effet en est saisissant.

italien, sur les bords du lac de Varese et du Lac Majeur, le
climat contribue à mettre plus en relief les particularités du
paysage. L'éclat du ciel du Midi, la richesse des couleurs,
la variété que présentent les cultures, selon la configuration,
la position, la direction des diverses collines, impriment
au paysage morainique un charme et un cachet qu'il ne peut
atteindre sur le versant nord.

Les environs d'Amsoldingen, à l'extrémité nord-ouest du
lac de Thoune, offrent un échantillon très intéressant du paysage morainique suisse. Touchant à l'*Allmend*, ce district
forme aussi, par la façon particulière dont le sol y est accidenté, un contraste frappant, d'une part avec la surface plane
du champ de manœuvres bien connu qui l'avoisine, d'autre
part avec les roches escarpées de la chaîne du Stockhorn.
Un terrain pareil semble fait exprès pour des exercices de
tactique, car il présente en miniature toutes les variétés ima-
ginables de configuration du sol. L'état-major fédéral a su
profiter de cette particularité, et c'est à lui que nous devons le relevé topographique qui sert de base à notre carte.

Le sol n'est pas seulement coupé et accidenté, mais les accidents de terrain sont groupés d'une façon caractéristique, et
en apparence sans aucune régularité : en effet, les collines,
d'égale hauteur, tantôt se succèdent en série régulière, tantôt
forment de petites buttes isolées. Les dépressions n'offrent
pas des formes moins variées: tantôt ce sont des vallons lon-
gitudinaux, tantôt des cirques dont le fond est souvent occupé
par un marais. Les coupures transversales, en revanche, sont

rares, et peuvent être pour la plupart considérées comme des
érosions ultérieures. Les lacs si caractéristiques du paysage
morainique ne font pas défaut non plus. Sur l'espace relativement restreint compris dans notre carte, on n'en compte
pas moins de quatre, ceux d'Amsoldingen, d'Uebeschi, de
Dittlingen et de Geist[1].

Une configuration si particulière du sol ne peut être con-
fondue avec aucun des types de reliefs connus jusqu'à présent. Pour la reconnaître, il n'est pas même nécessaire d'avoir
visité les localités : un coup d'œil jeté sur la carte suffit. Par
contre, l'explication de ces formes est loin d'être facile, et plus
d'un officier d'état-major, tout en conduisant ses hommes à
travers les détours de ce labyrinthe, aura sans doute réfléchi
déjà à cette question sans y trouver une réponse satisfaisante.

C'est à M. le professeur Bachmann[2] que revient le mérite
d'avoir reconnu le premier le véritable caractère de ce district et d'avoir démontré en détail ses rapports avec les phénomènes glaciaires et les inondations qui s'y rattachent. Une
fois l'idée d'anciennes formations glaciaires mise en avant, il
ne faut pas un bien grand effort pour se représenter le cours
naturel des choses et le développement des phénomènes.
Le tableau se déroule avec clarté sous les yeux de l'inves-

[1] Un autre lac non moins caractéristique est celui de Gerzensee, au Nord
des précédents.

[2] *Bachmann Isid.* Die Kander im Berner-Oberland, ein ehemaliges Gletscher und Fluss-Gebiet. Bern 1870.

tigateur. Les collines groupées en séries régulières sont autant de moraines longitudinales du grand glacier de l'Aar,
qui se sont déposées successivement contre la chaîne du
Stockhorn, tandis que les vallons et les dépressions qui les
séparent, avec leurs marais et leurs petits lacs, représentent
l'intervalle entre chacune de ces moraines. Les collines marquent donc les diverses étapes que le glacier a parcourues
en se retirant.

On peut observer des phénomènes analogues en descendant
plus bas dans la vallée. C'est ainsi, par exemple, que tout le
plateau de Zimmerwald, au sud du Gurten, près de Berne,
est traversé par des collines morainiques comme celles
d'Amsoldigen, avec cette seule différence qu'on n'y trouve
pas de lacs ni de marais, et que l'ensemble du paysage est
moins accidenté. Les collines de Muri, près de Berne, dont
le caractère erratique a été reconnu depuis longtemps
par M. le professeur Studer, sont d'un aspect plus remarquable. Ici, nous avons affaire non plus à une moraine latérale,
mais à de puissantes moraines frontales, qui font supposer
que le glacier a dû s'arrêter là pendant une période assez
longue, avant de se retirer du côté de Thoune. Les matériaux
qui composent ces collines portent d'ailleurs tout-à-fait le
cachet des formations erratiques. C'est un véritable paysage
morainique.

Si l'on conservait quelque doute à l'égard de cette explication du paysage morainique dans le bassin de l'Aar, nous
avons une excellente occasion d'arriver à la certitude au

moyen d'une comparaison directe. Il suffit pour cela de remonter la vallée au-delà d'Interlaken, le long des Lütschine,
jusqu'aux glaciers de Grindelwald. On trouvera là, en
face du glacier supérieur qui remplit la grande dépression entre le Wetterhorn et le Schreckhorn, une colline
semi-circulaire, formée entièrement de déblais, et qui est
assez grande pour figurer sur la carte de l'état-major fédéral.
Cette colline était restée dans mon souvenir, depuis l'époque de
mes campagnes glaciaires avec Agassiz, comme l'un des exemples les plus frappants de l'action des glaciers. Dans le courant de cet été, je suis allé la revoir, et j'ai trouvé mon opinion
pleinement confirmée. J'ai eu en outre la satisfaction d'en-
tendre l'autorité la plus compétente dans le domaine de l'oro-
graphie suisse, M. le colonel Siegfried, exprimer, après avoir
comparé la moraine de Grindelwald, son assentiment complet à l'égard du rapprochement mentionné. De son côté,
mon ancien ami et compagnon de voyage, M. Dollfus-Ausset,
devinant l'importance que cette moraine moderne pourrait
avoir un jour pour des études plus générales, à cause de son
authenticité incontestable, puisqu'elle touchait naguère au glacier, en avait fait lever le plan à une grande échelle. C'est
cette carte que je puis aujourd'hui ajouter à mon travail, grâce à la libéralité de son fils, M. Gustave Dollfus.
On y reconnaît en effet, en examinant avec quelque attention
la disposition des courbes horizontales, le même terrain accidenté et morcelé, composé de renflements tantôt allongés,
tantôt en forme de buttes isolées, couronnés parfois d'un

ou de plusieurs blocs erratiques, qui sont généralement des fragments de roche calcaire descendus des crêtes du Wetterhorn. Entre ces collines se trouvent çà et là une dépression, une surface recouverte de gazon (Bödeli), ou même un étang ou une flaque d'eau, le tout, il est vrai, sur une petite échelle, comme on doit d'ailleurs s'y attendre, si on compare les dimensions des glaciers d'aujourd'hui avec celles qu'ils avaient à l'époque glaciaire.

On peut citer encore d'autres exemples de formations semblables, soit à l'issue des autres grandes vallées des Alpes, soit dans la plaine même. En première ligne, nous mentionnerons les nombreuses moraines du canton d'Argovie, décrites avec beaucoup de soin par M. Muhlberg, spécialement celles qui barrent les lacs de Sempach, de Hallwyl et de Baldegg, celles de la vallée de la Reuss et de la Bunz, et parmi celles de la vallée de la Limmat, la fameuse moraine de Rapperswyl qui sépare le lac de Zurich proprement dit de l'Ober-See. Mentionnons encore divers lambeaux de même nature le long du chemin de fer Zurich-Zoug, où ils forment de véritables paysages morainiques avec de nombreux petits bassins tourbeux aux environs de Birmensdorf, de Bonstetten, d'Affoltern. Il existe des amas semblables aux environs de Cham et de Zoug, où les bains de Felsenegg et de Schœnfels sont construits sur des éminences morainiques. Ailleurs ils donnent lieu à de riches vignobles, ainsi au nord de Vevey, aux environs de Nyon et sur divers points du Rheinthal. Le pays compris entre les deux branches du lac de Constance (l'Unter See et le Ueberlinger See) est également d'un grand intérêt au point de vue morainique [1].

Constatons ici que dans certains cas la forme et l'aspect extérieur du paysage morainique peuvent se trouver modifiés ou simplifiés, sans que son caractère en soit pour cela altéré. Les matériaux dont il se compose sont les mêmes, mais les accidents de la surface sont moins prononcés ou moins variés. Ainsi, au lieu d'une succession de rides ou de buttes séparées par des dépressions couvertes d'étangs ou de marais, on aura une surface plus ou moins unie, une sorte de plateau. M. Muhlberg en cite un exemple remarquable sur la rive gauche de la Reuss aux environs de Bremgarten, le Wagenrain. Il en existe des exemples dans d'autres bassins erratiques, ainsi aux environs de Berne, sur le plateau de Zimmerwald, où les dépôts morainiques revêtent aussi un caractère assez monotone, soit que les matériaux aient été déposés primitivement sous cette forme régulière, soit qu'ils aient été remaniés subséquemment. Il conviendrait peut-être de désigner cette forme sous un nom particulier. Celui de *rempart morainique* correspondrait dans une certaine mesure à la désignation allemande de *rain*.

Si la théorie que je viens d'exposer est exacte, elle ne doit pas s'appliquer exclusivement aux Alpes et à leurs alentours: elle devra trouver aussi sa confirmation dans d'autres chaînes de montagnes. Nous savons déjà par des communications

[1] *Gerwig*, Das Erratische in der Badischen Boden See-Gegend. 1870.

qui nous sont parvenues des Pyrénées et de l'Auvergne[1], que dans ces contrées les phénomènes de ce genre ne sont pas rares. Il y a longtemps qu'ils ont été signalés dans les Vosges, par M. Collomb[2] et plus tard par MM. Dollfus et Hogard.[3]

Nous pouvons enfin, d'après nos observations personnelles, fournir la preuve que, même dans le Jura, les formations erratiques ont en plus d'un endroit conservé leur forme morainique primitive. C'est le cas, par exemple, dans le district accidenté qu'on trouve au-dessus de la zône des vignes près de Colombier, non loin de Neuchâtel, où le sol présente tout-à-fait la configuration irrégulière du paysage morainique. Il n'y a pas jusqu'aux vallées intérieures du Jura, qui n'offrent des exemples de collines morainiques. Il en existe en particulier dans la vallée des Ponts (canton de Neuchâtel), où elles apparaissent comme les restes d'anciens glaciers du Jura.

Je n'ai fait que donner de simples indications, dont le but est essentiellement d'éveiller l'attention, non pas seulement des géologues de profession, mais des membres du Club alpin et de tous ceux qui portent quelque intérêt à l'étude de notre sol. Si les vues exprimées dans ces pages se confirment, nous aurons à introduire en géographie un nouveau type de

---

[1] *Julien Alph.* Des phénomènes glaciaires dans le plateau central de la France. In-8°, Paris 1847.

[2] *Collomb Ed.* Preuves de l'existence d'anciens glaciers dans les vallées des Vosges. In-8°, Paris 1847.

[3] *Hogard H.* Coup d'œil sur le terrain erratique des Vosges, in-fol. Edition publiée par Dollfus-Ausset. 1851.

paysage, qui ne serait ni l'un des moins caractéristiques, ni l'un des moins intéressants, et qui devrait s'appeler le *paysage morainique*.

Depuis que le mémoire qui précède a été lu à la Société helvétique des sciences naturelles, j'ai pu me convaincre que les mêmes phénomènes se présentent en grand nombre au pied des Alpes allemandes, et en première ligne sur la rive droite du lac de Constance. Entre Lindau et Immenstadt, où viennent se rencontrer les deux bassins hydrographiques de l'Iller et du Rhin, le paysage porte tout-à-fait le cachet morainique. La route et la voie ferrée circulent à travers un labyrinthe de collines, qui sont formées exclusivement de matériaux meubles. C'est seulement dans le voisinage de la ligne de partage des eaux, que les collines montrent un noyau de molasse ou de nagelfluh, mais en conservant néanmoins leur apparence morainique; enfin, près d'Immenstadt, les collines tertiaires deviennent dominantes et donnent à la contrée un caractère plus grandiose. Les lacs et les étangs ne font pas défaut non plus dans ce district, quoique la plupart d'entre eux se soient, avec le temps, transformés en marais. Leur caractère glaciaire ou erratique est surtout évident, lorsqu'ils se présentent sous la forme de petits bassins isolés, sans communication avec les fleuves ou les ruisseaux du voisinage.

Toutefois, ici comme ailleurs, il faut encore tenir compte d'autres influences, en particulier des érosions. Ces dernières ont transformé d'une façon très diverse les moraines primitives. Non seulement les collines sont entamées, rongées, et quelquefois profondément bouleversées; les matériaux mêmes dont elles sont formées sont plus ou moins modifiés, les graviers sont parfois grossièrement stratifiés, le plus souvent avec le caractère d'une stratification torrentielle, ce qui ne peut s'expliquer que par l'action des eaux tumultueuses.

Cette action a dû se faire sentir tout particulièrement à la rencontre des grands glaciers du Rhin et de l'Iller, et il est aisé de comprendre comment, après la fonte des glaciers ou pendant leur retraite, les inondations résultant de la fonte ont dû bouleverser en diverses manières les moraines. Leur action peut aussi avoir été, sur plus d'un point, très longue et très continue, et dans ce cas les graviers sont moins irrégulièrement disposés, et paraissent même plus ou moins stratifiés, ensorte qu'on peut se trouver dans le doute de savoir si l'on a affaire à de simples dépôts erratiques, ou à des matériaux glaciaires façonnés par les eaux.

Il en est de même au pied des Alpes autrichiennes, spécialement aux environs de Salzbourg, où les mêmes phénomènes s'étalent aux yeux de l'observateur. De Lambach à Salzbourg, le chemin de fer côtoie les anciennes moraines de la Salzach, en les entamant à plus d'une reprise, ce qui permet de se rendre compte de la composition des collines. Ici encore on rencontre alternativement des dépôts erratiques informes, et des graviers stratifiés, ces derniers indiquant clairement l'action des eaux. Les lacs que possède cette région sont en partie de véritables lacs de moraine, comme le Waller-See, et jusqu'à un certain point le Wegginger-See. Dans l'ensemble, il est impossible, là aussi, de méconnaître le caractère du paysage morainique.

Les Alpes bavaroises n'avaient guère été citées jusqu'ici comme fournissant des preuves en faveur de l'ancienne extension des glaces. Cela tient en partie à ce que l'auteur de la belle carte géologique de la Bavière, M. Gümbel, au lieu d'envisager les terrains erratiques de cette contrée comme le produit des anciens glaciers, les attribuait plutôt à l'action de grands courants, conformément à la théorie de L. de Buch et Elie de Beaumont, ce qui ne l'a pas empêché de distinguer les dépôts erratiques des limons quaternaires. Aujourd'hui la question a changé de face. Les récentes études de M. le professeur Zittel démontrent que le phénomène erratique, avec tous ses caractères distinctifs, est largement développé au pied des Alpes bavaroises. Nous ne croyons pas inutile, eu égard à l'importance de ce travail, de transcrire ici les principaux passages du mémoire dans lequel le savant géologue de Munich rend compte de ses recherches.[1]

« Lorsqu'au mois d'août dernier (1874), je me rendis de Malmoë à Stockholm avec M. le professeur Desor, et que celui-ci me fit observer les nombreux phénomènes glaciaires qu'on rencontre à chaque pas dans les provinces de Scanie

[1] *Zittel*. Ueber Gletscher Erscheinungen in der bayerischen Hochebene. Bulletin de l'Académie de Munich, 1874, p. 252 et s.

2

et de Smaland, tels que buttes erratiques, roches moutonnées et striées et entre les collines de nombreux lacs et marais, je fus frappé de l'analogie de ce paysage avec la zone des collines de la Haute-Bavière. De retour à Munich, je me rendis au lac Starnberg, et dès ma première visite aux gravières d'Ambach, j'acquis la certitude que ces amas de matériaux meubles portaient tous les caractères d'un dépôt morainique.

» C'est au sud de Munich, dans le district compris entre la montagne et une ligne qui, partant de Pfaffenhofen, passerait par Leutstätten, Schäftlarn, Endlhausen, Egmating, pour aboutir à Ebersberg, que le caractère du paysage morainique apparaît de la façon la plus marquée. Sur toute carte représentant la configuration du terrain à une échelle qui ne soit pas trop réduite, on peut remarquer la façon dont le plateau si régulier de Munich aboutit à une ligne de collines derrière laquelle le caractère du paysage se modifie d'une manière très frappante. A la surface uniforme du plateau, qui n'est coupée que çà et là par quelques vallées, on voit succéder une région de collines singulièrement accidentées, et d'un caractère gracieux et varié. L'altitude moyenne de cette région est à peine plus considérable que celle du plateau de Munich, et on n'y rencontre pas de montagnes proprement dites, à l'exception de quelques contreforts des Alpes. Les collines sont toutes d'une hauteur à peu près uniforme, mais elles sont distribuées de la façon la plus irrégulière : le plus souvent elles forment une chaîne allongée et rectiligne, d'autres fois elles sont disposées en arc de cercle, ou bien encore ce sont des buttes arrondies et isolées. Les principales dépressions sont occupées par trois lacs, l'Ammersee, le Würmsee et le Kochelsee; les dépressions moins considérables offrent de petits lacs ou des étangs poissonneux (l'Ostersee, le Maisingersee, l'Esssee, le Pilsensee, le Wörthsee, le Buchsee, le Wolfsee, l'étang de Thanningen, les étangs de

Seeon, etc.), qui sont aussi fréquents dans le paysage morainique qu'ils sont rares sur le plateau. Là où une dépression
n'est pas occupée par une nappe d'eau, on trouve généralement un marais tourbeux ou des prairies marécageuses.
La direction des vallées présente aussi peu de régularité que
celle des collines; il en est où coulent des ruisseaux, dont
le cours est quelquefois précisément tout l'opposé de la direction générale des eaux de la contrée, comme l'Eglinger-
bach, par exemple, qui coule du nord-est au sud-ouest;
d'autres présentent le cas assez rare de vallées entièrement
dépourvues de cours d'eau[1]. Les lits profonds et larges de
l'Isar, du Laisach, du Würm et de l'Ammer ont été creusés
plus tard dans la région des moraines, et appartiennent certainement à l'époque post-glaciaire.

» La région de collines que je viens de décrire, et qui est
plus ou moins semée de blocs erratiques, a dû former la
moraine profonde d'un ancien glacier, auquel je donnerai le
nom de glacier de l'Isar. Ses matériaux sont essentiellement
du gravier, du limon, contenant des galets et des blocs à
angles aigus, et çà et là aussi du loess. Les dépôts erratiques se
distinguent d'une façon très tranchée du gravier stratifié du
diluvium, qui fréquemment s'agglomère solidement de manière à former un poudingue ou béton naturel. Les galets
sont empâtés d'une façon tout-à-fait irrégulière dans un limon
adhérent, d'un gris jaunâtre; leur surface est ordinairement
usée, mais polie et brillante, elle n'a pas été endommagée et
ternie par le frottement, comme c'est presque toujours le cas
des cailloux roulés. Les arêtes et les angles en sont arrondis,
il est vrai, mais leur forme est irrégulière et nullement ovale
ou sphérique; les cailloux roulés, par contre, présentent or-

---

[1] Telles sont entr'autres le Gleisenbach, entre Aufhofen et Haching, le Fög-
genheurerthal, le large lit de fleuve près de Kirchseeon, le petit vallon resserré
au nord d'Ebersberg, le Teufelsgraben près de Holzkirchen, etc.

dinairement cette dernière forme. Le volume des débris erratiques de la moraine profonde est très variable. On trouve pêle-mêle du sable, des galets de la grosseur d'une noix, et des cailloux gros comme le poing ou comme la tête; et çà et là, des blocs, tantôt arrondis, tantôt à arêtes tranchantes, qui mesurent quelquefois plusieurs pieds cubes. Ces matériaux proviennent tous des Alpes bavaroises et tyroliennes. Les calcaires et les roches cristallines de divers genres y dominent; le grès et le schiste marneux des couches tertiaires sont un peu plus rares.

» L'indice le plus infaillible de l'origine glaciaire d'une formation, se trouve dans la présence des cailloux striés. On ne rencontre que très rarement des stries sur des fragments de roches cristallines, de grès quartzeux et de jaspe; par contre, elles se font voir de la manière la plus reconnaissable sur les fragments calcaires, particulièrement sur ceux de nuance sombre. Dans une moraine profonde qui n'a pas été remaniée et lavée par les eaux, presque tous les cailloux calcaires portent ces stries, qui souvent sont aussi profondes que si elles avaient été gravées avec un burin. Sur le grès tertiaire tendre, on remarque aussi fréquemment des stries, mais elles ont un caractère plus indécis, sont moins profondes et généralement beaucoup plus larges que sur le calcaire. Il n'y a point de règles fixes quant à la direction des stries: souvent elles sont parallèles, d'autres fois elles s'entrecroisent; mais toujours elles sont en ligne droite.

» C'est dans les parties les plus élevées de ce district de collines que les moraines profondes se montrent dans le meilleur état de conservation. Dans le voisinage de l'Ostersee, au-dessus d'Ambach, d'Ammerland, près de Münsing, sur la hauteur près d'Eurasburg et de Wolfratshausen, près de Starnberg, de Leutstetten, d'Oberpöcking, de Schäftlarn, d'Harmating, etc., on a l'occasion de voir les matériaux de la moraine profonde mis à découvert dans beaucoup de gravières.

» Toute la contrée est assez riche en blocs erratiques ; on les trouve soit ensevelis dans les dépôts glaciaires, soit gisant librement sur le sol. Gümbel cite la rangée de blocs que présente la rive orientale de l'Ammersee ; on les rencontre aussi en assez grand nombre sur les collines situées des deux côtés du Starnbergersee et dans la région morainique à l'est de l'Isar. Selon M. de Barth, ils sont également fort nombreux dans la forêt de Dietramszell. Ceux qu'on rencontre le plus souvent sont du gneiss quartzeux ou micacé ; çà et là on trouve de la roche amphibolique ou du gneiss à grenats, plus rarement du calcaire ou de la dolomie.

Le plus grand nombre de ces blocs vient de l'Œtzthal, en Tyrol. Il est absolument impossible d'admettre que des courants aient pu les transporter par-delà les cols des Alpes bavaroises, qui ont 4 à 5,000 pieds d'élévation ; leur présence ne peut s'expliquer que par l'action des glaciers.

» La *moraine frontale* est indiquée sur la carte de Stark, comme s'étendant d'Ober-Pfaffenhofen (à l'est de l'Ammersee) jusqu'à la frontière autrichienne. Elle forme deux branches arquées, séparées par une anse rentrante qui s'avance profondément jusque dans le voisinage de Miesbach ; la branche occidentale forme la moraine frontale du glacier de l'Isar et enserre le territoire du Würmsee et de l'Ammersee, tandis que la branche orientale, qui appartient au glacier de l'Inn proprement dit, s'étend de Miesbach le long du Teufelsgraben, en passant par Gross-Helfendorf, Egmating, Kirchseeon, du côté d'Ebersberg, et s'avance encore plus loin, par Haus, Mattenbett et Haag, jusqu'à Gars sur l'Inn. De Pfaffenhofen à Ebersberg, la configuration du relief du sol permet de suivre le tracé de la moraine frontale avec tant de précision, qu'il n'y a pas d'erreur possible. La carte de Stark en

donne une image très exacte, à laquelle je n'ai rien à ajouter
d'essentiel. Un fait digne de remarque, c'est que les traînées
principales de blocs erratiques, tant à l'est qu'à l'ouest du
Starnbergersee, viennent aboutir à des rentrées de la moraine terminale. Peut-être faut-il y voir d'anciennes moraines médianes. Sous le rapport de la composition, la moraine
frontale se distingue de la moraine profonde surtout par le
nombre considérable de blocs assez gros, les uns à arêtes
tranchantes, les autres un peu arrondis, qui sont épars dans
du gravier ; du reste, les mêmes roches se rencontrent dans
l'une et dans l'autre, et à peu près dans la même proportion.
Les débris calcaires, et en partie aussi les blocs et les cailloux de grès, sont fortement striés, et ont évidemment che-
miné de la moraine profonde jusqu'au bord du glacier. Parmi
les roches cristallines, celles qu'on rencontre le plus souvent
sont le schiste amphibolique, le gneiss amphibolique, la roche amphibolique à grenats, le gneiss à grenats, le gneiss
quartzeux et le gneiss micacé. Le granit et le schiste micacé,
qui jouent un si grand rôle dans le bassin de l'Inn, manquent
presque entièrement dans l'amphithéâtre morainique du glacier de l'Isar ; je n'ai observé non plus que rarement le
quartz blanc dans le voisinage du Starnbergersee, mais très
fréquemment, en revanche, dans la moraine frontale près de
Kirchseeon.

» Dans le voisinage de Munich, on peut voir la moraine
frontale du glacier de l'Isar mise à découvert d'une façon
remarquable dans des carrières ou des gravières, en particulier sur la gauche du chemin de fer, à quelques cents pas
de la gare, vers le midi, près de Mühlthal ; de même entre
Leutstetten et Wangen, près de Hohenschäftlarn ; sur la hauteur de Dingharting, dans la tranchée ; et plus loin vers le
sud-est au village de Linden. La moraine terminale de l'Inn
a été largement entamée près de Kirchseeon par des graviè-

res; on la trouve aussi mise à nu d'une façon suffisante sur
la Reut au nord d'Ebersberg, près de Haus, de Mattenbelt,
etc. Là aussi elle est composée de limon à cailloux et de
cailloux striés; mais la distribution des matériaux n'est pas
la même que dans la branche orientale de la moraine. Cette
fois les roches cristallines dominent, et c'est surtout le schiste
micacé, le granit et le quartz blanc qui se présentent en
grande quantité, tandis que les roches amphiboliques et à
grenats, de même que les roches calcaires, sont moins fré-
quentes. Près de Kirchseeon, on trouve dans la moraine de
gros blocs de conglomérat diluvien; rarement ils offrent des
arêtes tranchantes; en général, les arêtes et les angles sont
un peu émoussés, comme c'est le cas de la plupart des
autres blocs.

» La région des collines à droite et à gauche de l'Inn n'offre
pas le spectacle de collines chaotiquement enchevêtrées, et
séparées entre elles par des dépressions en forme de bassin
ou de vallée; tout le pays forme une série de plateaux fertiles,
unis, généralement recouverts de loess, et sur lesquels s'ali-
gnent de longues rangées de collines peu élevées, parfois
étagées en gradins. Çà et là des collines isolées s'élèvent aussi
du milieu du plateau. C'est seulement plus loin vers le sud,
du côté des montagnes, en particulier dans le voisinage du
Chiemsee, que les petits lacs, les étangs et les marais tourbeux commencent à devenir plus fréquents, et que les eaux
prennent un cours moins régulier.

» La configuration du paysage, le peu de précision des limites de la région des glaciers, le mélange de matériaux stratifiés avec des graviers d'origine glaciaire et des blocs erratiques, et le développement considérable du loess, conduisent
à cette conclusion très vraisemblable, que l'eau et la glace
ont dû contribuer pour une part à peu près égale à la for-

mation et à la distribution des terrains diluviens récents dans le sud-est de la Bavière.

» Tout semble indiquer qu'à la fin de la période glaciaire, d'énormes masses d'eau, résultant de la fonte des glaciers et peut-être aussi de grandes pluies, ont conflué de toutes les vallées latérales dans la vallée de l'Inn et se sont répandues de là dans la région des collines. Des flots limoneux s'échappant de toutes parts de la moraine profonde, n'auront pas tardé à transformer la plaine en un vaste lac, au fond duquel le fin limon du glacier se déposa sous la forme de loess. Cette hypothèse permet de donner une explication satisfaisante de toutes les circonstances que nous avons décrites plus haut. A mesure que le glacier se retirait, il se sera opéré un triage dans le dépôt de la moraine profonde. Les plus gros matériaux auront été simplement remaniés par les eaux et auront formé ces collines allongées qui sont composées de sable, de gravier et de cailloux, tandis que les matériaux plus fins étaient entraînés vers le nord pour y former le loess. Quant au loess qui recouvre l'amphithéâtre morainique proprement dit, il n'aura dû se déposer qu'à une époque postérieure, alors que les glaciers s'étaient déjà retirés assez loin du côté des montagnes. La présence si fréquente dans le loess de cailloux striés, et quelquefois même de blocs assez considérables, en dehors de ce qui peut être regardé comme formant le territoire de la moraine frontale, n'a rien qui doive étonner, car il n'est que trop vraisemblable que les courants impétueux ont dû entraîner avec eux, au moins jusqu'à quelque distance de la moraine, des matériaux plus grossiers que le limon du loess. Quant aux gros blocs erratiques, ils ont pu être déposés là immédiatement après la fonte des glaciers, et se trouver ensevelis dans le sol bouleversé par les inondations, ou bien avoir été transportés dans la direction du nord par des glaces flottantes.

» Une explication analogue des dépôts de graviers entre Salzbourg et Lambach a été donnée par M. Desor[1]. Là aussi on trouve un mélange de « matériaux informes et de graviers stratifiés, ces derniers indiquant clairement l'action des eaux.» M. Bach[2] décrit aussi, dans les environs de Biberach, des formations diluviennes, dues à l'action de l'eau et de la glace, qui se trouvent au-delà des limites bien déterminées de la moraine terminale. Il les attribue à une époque glaciaire antérieure, sans apporter néanmoins à l'appui de cette opinion des raisons bien concluantes.

» Le loess, qui atteint un développement si considérable dans le bassin de l'Inn, aurait donc été déposé vers la fin de l'époque glaciaire, et ne serait autre chose que le fin limon des glaciers, transporté par les courants et déposé par lévigation au-delà de la région des moraines. Les débris organiques, rares il est vrai, qu'on a retrouvés dans ce terrain, confirment cette manière de voir. Parmi les coquilles du loess énumérées par Gümbel[3], on rencontre essentiellement, il est vrai, des espèces encore existantes aujourd'hui sur le plateau bavarois; mais, d'après une communication amicale de M. le professeur Sandberger, on a récemment trouvé dans le loess près de Passau, la variété à une dent du Pupa dolium, Drp., ainsi que le Valvata alpestris, Blaum., deux espèces spécialement alpestres. Les mammifères du loess ont le caractère bien prononcé d'animaux du nord. On les rencontre en Bavière beaucoup plus rarement que ce n'est le cas dans le Rheinthal, par exemple; cependant un point unique, une marnière près du Kronberger Hof, aux environs d'Achau, a

[1] Die Moränen-Landschaft. Actes de la Soc. helvétique des sc. naturelles. Schaffhouse 1873.
[2] Würtemberg'sche naturwissenschaftliche Jahreshefte 1869, p. 123-125.
[3] Geognostische Beschreibung des bayerischen Alpengebirges und seines Vorlandes, p. 797.

fourni en 1868 des trouvailles singulièrement riches. Cette station remarquable est située à un mille environ des limites de la moraine frontale du glacier de l'Inn, sur la rive gauche du fleuve, entre Gars et Kraiburg.

» Tout près de la tuilerie du Kronberger Hof, on voit paraître, au milieu du limon, un filon d'argile de couleur gris bleu, rempli de débris végétaux. Ces débris (mousses, roseaux et morceaux de bois transformés en lignite) y sont accumulés dans une si forte proportion, qu'ils forment une véritable tourbe, qu'on utilise soit comme combustible dans la tuilerie, soit comme engrais, en la répandant sur les champs La puissance de la couche de tourbe intercalée ainsi dans le loess, est d'environ 1ᵐ. On peut l'observer sur plusieurs points dans les environs du Kronberger Hof, mais elle ne paraît pas s'étendre plus loin.

» C'est de cette couche de tourbe que fut exhumé, en 1868 et 1869, un squelette presque complet de Rhinocéros tichorhinus, dans un état remarquable de conservation et qui fait aujourd'hui un des ornements du musée paléontologique de Munich. Les ossements, d'une teinte brune, sont d'une rare fraîcheur, et n'offrent pas la moindre trace de détérioration; ils appartiennent tous au même individu, qui évidemment aura été enseveli en cet endroit à la suite de quelque accident. Après la décomposition du cadavre, les os ont dû être dispersés par une eau légèrement agitée, car ils ne se trouvaient plus dans leur position naturelle, mais étaient distribués sur une surface d'environ 10 mètres carrés.

» Outre ce squelette de Rhinocéros tichorhinus, la même station a encore fourni quatre molaires (dont deux étaient brisées en nombreux fragments) et deux petites défenses de mammouth provenant d'un jeune individu (Elephas primigenius, Blumb.). La surface de la couronne des deux molaires entières n'a qu'une longueur de 105 millim. sur une lar-

geur de 50 millim., la hauteur de la dent est de 80 millim.
Les petites défenses, quoiqu'elles soient conservées tout entières de la pointe jusqu'à la base creuse, ne mesurent que
220 à 230 millimètres.

» Parmi les autres ossements extraits de ce gisement, se
trouvaient encore :

un métatarse avec l'os styloïde correspondant du cheval
(Equus caballus), ainsi que plusieurs fragments d'os longs,
des fragments d'humérus, de tibia, et une phalange de sa-
bot, appartenant à une espèce de bœuf, peut-être au Bos
priscus, Boj. ;

» un grand fragment de bois de cerf (Cervus elaphus, L.);

» plusieurs fragments de bois de renne (Cervus tarandus, L.).

» J'ai reçu plus tard un beau bois de renne, trouvé dans le
loess à Rott, près de Neumarkt, dans le bassin de l'Inn. La
présence du Rhinocéros tichorhinus, de l'Elephas primigenius et du Cervus tarandus, indiquent un climat froid pendant l'époque de la formation du loess. »

CHAPITRE DEUXIÈME

RAPPORT DU PAYSAGE MORAINIQUE AVEC LES FORMATIONS
PLIOCÈNES D'ITALIE

Nous avons essayé, dans les pages qui précèdent, de démontrer que le paysage morainique est, par sa physionomie non moins que par sa composition, un produit de l'époque glaciaire, qu'il est resté au pied des montagnes comme un témoin de l'ancienne extension des glaces. On est ainsi conduit à comprendre, dans le périmètre des anciens glaciers descendant des Alpes, toutes les parties du territoire qui ont conservé un caractère morainique. Nous avons vu qu'il s'agit d'une vaste étendue, puisque l'on peut poursuivre sur la ligne de Côme à Milan le terrain erratique jusqu'aux environs de Monza, soit sur une largeur de vingt kilomètres.

Ici se pose une question : Qu'est-ce qui a empêché les anciens glaciers de s'avancer plus loin, quel est l'obstacle qui les a retenus dans certaines limites ?

Du côté nord des Alpes, la limite était tracée par la chaîne du Jura, qui opposait à leur marche en avant une barrière infranchissable. Bien que la masse de glaces ait pénétré çà et là dans l'intérieur de ses gorges transversales, et soit même arrivée, le long du Rhône, jusque dans les environs de Lyon, elle n'a pas, en général, franchi la région du Jura, quoiqu'elle se soit élevée sur les flancs de cette chaîne jusqu'à une hauteur de plus de 1300 mètres.

Il en est tout autrement sur le versant méridional des Alpes. Là, il n'existe point de chaîne parallèle qui eût pu opposer une digue à l'envahissement des glaciers, à moins qu'on ne veuille aller jusqu'à l'Apennin. Mais il est aujourd'hui suffisamment constaté que l'Apennin ne présente pas la moindre trace de blocs erratiques venus des Alpes.

La région des moraines n'en est pas moins limitée d'une manière bien tranchée, et l'on passe sans transition sensible de la zone des collines à la vaste plaine lombarde avec son limon fin et fertile. Y avait-il peut-être là une mer ou un grand bassin d'eau douce, qui aura empêché les glaciers de s'étendre plus loin dans cette direction ? Cette hypothèse s'est heurtée longtemps à une objection capitale : c'est que, malgré les recherches nombreuses qui ont été faites, personne n'avait pu découvrir jusqu'à présent, dans les terrains de la plaine lombarde, la moindre trace de fossiles marins ; on n'y a pas rencontré non plus de coquilles d'eau douce, dont la présence aurait indiqué l'existence d'un grand lac.

On possède, par contre, toute une petite faune du pied méridional des Alpes, provenant de plusieurs localités du Piémont, comme Folla d'Induno, Borgo Manero, le district de Crevacuore sur la Sesia, et surtout des environs de Masserano jusque près de Biella. Ce sont essentiellement des coquilles marines, et comme elles sont pour la plupart identiques avec celles d'Asti et de Castelarquato, on n'a pas hésité à les ranger dans la formation subapennine, quoiqu'il s'y trouvât un nombre assez considérable d'espèces encore vivantes. Elles étaient dès lors censées appartenir à une époque plus ancienne que les dépôts erratiques. On a même fréquemment exprimé l'opinion que ces deux formations avaient dû être séparées l'une de l'autre par le plus important de tous les événements géologiques, par le soulèvement des Alpes.

Cette opinion semblait corroborée par le fait que les fossiles en question supposaient un climat au moins aussi chaud que le climat actuel, sinon davantage, tandis que la présence d'anciennes moraines au pied des Alpes paraissait indiquer un climat glacial. En conséquence, les gisements à coquilles du pied méridional des Alpes étaient attribuées à l'époque pliocène, tandis que les formations erratiques du paysage morainique étaient classées dans la période quaternaire.

Cependant cette séparation absolue du pliocène d'avec les formations erratiques avait déjà soulevé plus d'un doute, en particulier de la part de M. le professeur Stoppani. Dans l'opinion de ce savant, le pliocène de la plaine devait, au contraire, se trouver en relation intime avec les terrains quaternaires, spécialement avec les alluvions anciennes (ceppo) des vallées; il n'en devait être qu'une simple forme. Tout récemment, cette question a donné lieu à un débat important entre les géologues italiens, lors de la réunion tenue à Rome pour délibérer sur les bases d'une carte géologique du royaume d'Italie. Mais comme on manquait de faits positifs, cette idée fut abandonnée.

Et pourtant elle était juste. Les faits qui manquaient alors, nous les possédons aujourd'hui. J'ai eu moi-même l'occasion de les constater, et je suis maintenant en mesure de les discuter.

Les premiers renseignements positifs concernant la liaison du pliocène avec l'erratique ont été fournis par M. le Dr Casella de Laglio. Ce savant avait recueilli dans une gravière des environs de Fino, au sud de Côme, un certain nombre de coquilles fossiles qu'il avait envoyées à M. Stoppani. Ces fossiles ayant été déterminés comme pliocènes, malgré leur gisement au milieu du paysage morainique, on supposa qu'il pouvait y avoir eu erreur dans l'indication du gisement et l'on ne s'en préoccupa pas davantage[1].

Vers la fin du mois de mai 1874, M. le professeur W. Schimper et moi nous arrivions à Milan, venant de Florence, avec l'intention d'aller étudier de plus près le paysage morainique dans les environs de Côme et de Varese. Nous y trouvâmes M. Stoppani dans le ravissement. Il était

[1] *Stoppani Ant.* Il mare glaciale a piedi delle Alpi, 1874, p. 28.

revenu le même jour d'une excursion au lac de Côme. Quelques jours auparavant, M. le marquis Rosales-Cigalini avait
découvert une quantité de coquilles marines fossiles, en fai-
sant entamer un monticule aux environs de sa campagne de
Bernate près de Camerlata, justement au milieu du plus
attrayant paysage de moraines. Il en avait aussitôt informé
M. Stoppani; celui-ci était parti sur-le-champ pour Bernate,
et il en rapportait une petite collection de fossiles, qui offrait
dès le premier coup d'œil les caractères incontestables de la
faune pliocène. M. Stoppani insista pour que nous allassions
visiter cette localité: c'était, dans son opinion, plus important
que tout le reste. De notre côté, nous sentions notre intérêt
si vivement éveillé par cette découverte inattendue, que nous
n'hésitâmes pas un instant à nous rendre à son désir; et le
lendemain matin, accompagnés de M. Spreafico, l'aide infa-
tigable et dévoué de M. Stoppani[1], nous partions pour Bernate, où nous avait devancés un télégramme de recomman-
dation.

Il pleuvait à torrents. Nous fûmes néanmoins reçus, à la
station de Cucciago, par M. le marquis Rosalez, qui nous
conduisit aussitôt à l'endroit que nous devions visiter; plusieurs ouvriers nous y attendaient, munis de pelles et de
bêches. On avait entaillé le flanc d'un tertre haut d'environ

---

[1] M. Spreafico, le jeune et studieux géologue de Milan, à qui la Commission
géologique suisse doit l'étude du canton du Tessin au point de vue géologique,
a succombé dès lors à une affection de poitrine, conséquence d'un travail trop
assidu. C'est une grande perte pour la science, et spécialement pour la géologie
italienne.

12 pieds. Pour être plus sûrs de notre affaire, nous prîmes
nous-mêmes la pelle en main, et nous continuâmes à déblayer. Le noyau du tertre est composé de matériaux entièrement meubles, de sable et de gravier mêlés de fragments
plus gros; tous ces matériaux sont comme lavés, sans aucune
adhérence, ainsi que cela arrive lorsqu'ils ont été battus par
la vague ou charriés par un courant. Chaque coup de bêche
amenait, avec les graviers détachés du tertre, une quantité
de coquilles blanchies, pour la plupart des gastéropodes.
Ceux-ci étaient si nombreux, qu'en une demi-heure nous en
eûmes rempli une corbeille, qui n'en contenait pas moins
d'une cinquantaine d'espèces différentes. Celles qu'on ren-
contrait le plus fréquemment appartenaient aux genres Buccinum, Turitella, Natica, et aussi Cerithium. Les bivalves,
par contre, étaient rares; les rayonnés manquaient presque
complétement, et nous ne trouvâmes qu'un seul polypier,
une espèce voisine des Turbinolies.

La composition du terrain n'était pas moins caractéristique. Les matériaux étaient formés de débris erratiques alpins
très variés de dimension et aussi de nature, amoncelés sans
la moindre stratification, sans aucune disposition régulière,
les plus gros fragments se trouvant épars au milieu des plus
petits. Mais ce qui nous frappa le plus, ce fut de trouver sur
beaucoup de ces cailloux, en particulier sur ceux de calcaire
des Alpes, des raies et des stries parfaitement marquées et
se croisant en tout sens, comme celles qu'on voit sur les
débris erratiques recueillis auprès des glaciers actuels. Ces

3

matériaux striés révélaient d'une manière incontestable l'action d'anciens glaciers. Ajoutons encore qu'au nombre des cailloux calcaires il s'en est trouvé plusieurs qui étaient percés de trous de pholades.

Afin d'arriver à des conclusions plus positives, nous divisâmes les fossiles que nous venions de recueillir en deux parts, dont l'une fut envoyée à M. le professeur D'Ancona, le connaisseur expert de la conchyliologie tertiaire d'Italie, et l'autre à M. le Dr Karl Mayer à Zurich, sans aucune indication sur leur provenance. M. D'Ancona reconnut immédiatement les types caractéristiques de la formation pliocène, identiques à ceux des localités classiques de Bologne, Plaisance, Sienne, etc. M. Mayer arriva au même résultat; il crut même pouvoir classer cette faune d'une manière plus précise; elle correspondait, selon lui, à l'étage de Tabbiano, auquel il donne la désignation d'Astien I. Quoi qu'il en soit, il est hors de doute que la faune en question appartient au pliocène supérieur.

Le nombre des espèces s'est considérablement augmenté depuis notre visite à Bernate. Il était alors de 50 environ. Aujourd'hui on en compte déjà 90[1], en combinant la liste de MM. Mayer et D'Ancona, avec celle de Spreafico[2]. Dans ce nombre il ne s'en trouve pas moins de 22 vivantes, qui sont les suivantes :

Cerithium vulgatum, Brug.

[1] Atti della Soc. italiana dei sc. naturali. vol. xviii, fasc. 4.
[2] On trouvera plus loin, dans l'appendice, la liste complète des espèces.

Cerithiopsis scabrum, Olivi.
Defrancia clathrata, M. de Serr.
Fusus lignarius, Defr.
Murex trunculus, L.
Buccinum limatum, Chemn.
   »   mutabile, L.
   »   reticulatum, L.
Turritella communis, Risso.
Chenopus Pes Pelicani, L.
Cancellaria cancellata, L.
Natica helicina, Broc.
  » macilenta, Phill.
  » millepunctata, L.
  » Josephina Risso.
  » Guillemini Payr.
Ranella marginata, M.
Columbella scripta, L.
Solarium simplex, Bronn.
Vermetus intortus, L.
Lucina spinifera, Mont.
Cardium hians, Broc.

Il est donc constaté qu'on trouve à Bernate[1], en plein paysage morainique, une faune pliocène parfaitement caractérisée, côte à côte avec des cailloux polis et striés, qui annoncent que les glaciers se sont étendus autrefois jusqu'à l'extrémité méridionale du lac de Côme, où ils ont rencontré

[1] M. le marquis Rosalez-Cigalini nous informe que l'on a découvert depuis lors, à Ronco, près de Cassina Rimardi, au même niveau que Bernate, un autre gisement fossilifère qui renferme la même faune. On trouve dans un dépôt de sable les coquilles pliocènes mêlées à des cailloux striés et à des calcaires perforés par les lithophages.

la mer. A cela on a essayé d'objecter que les coquilles, qui sont pour la plupart assez épaisses et résistantes, pouvaient provenir d'un dépôt pliocène situé quelque part en amont; le glacier les en aurait arrachées, et ensuite entraînées avec lui jusqu'à Bernate. Nous nous sommes arrêté nous-même un instant à cette explication, qui semblait justifiée par les traces d'usure que montraient les grosses espèces, telles que les Cônes, les Rochers, les Fuseaux. Cependant nous ne tardâmes pas à y renoncer en présence de la conservation parfaite, jusque dans les moindres détails, des côtes et des stries qui ornent la coquille des Cérithes, des Turritelles, des Dentales, etc. Plusieurs espèces, les Natices en particulier, ont conservé jusqu'à leur couleur. Une autre raison, non moins importante, qui milite en faveur de la présence sur place des fossiles en question, est tirée de ce fait qu'on ne trouve nulle part, aux environs de Côme, une formation tertiaire à laquelle le glacier aurait pu enlever des fossiles de cette nature. La formation glaciaire et les coquilles doivent donc être de la même époque.

Si ce fait est mis hors de doute, il en résulte que la même mer pliocène a baigné en même temps le pied des Alpes et celui des Apennins, et que par conséquent la Lombardie formait une mer intérieure à laquelle venaient aboutir les glaciers des Alpes et qui opposait un obstacle à leur plus grande extension vers le sud, comme c'est encore le cas aujourd'hui dans les contrées polaires. De cette manière s'explique aussi la disposition de cette singulière série de terrasses qui frappe le voyageur, lorsque, venant de Milan, il approche de la région du paysage morainique au nord de Monza, et qui, semblable à une rangée de falaises, s'étend devant lui à droite et à gauche à perte de vue. Selon toute probabilité, c'est là que se trouvait le rivage de la mer lombarde à l'époque de la retraite du grand glacier, après que celui-ci eut atteint l'extrême limite de son extension.

Mais comment se fait-il, demandera-t-on, si la mer venait réellement baigner le pied de cette grande terrasse, que l'on ne découvre là aucune trace de coquilles marines, pas plus qu'au milieu de la plaine, tandis qu'elles se rencontrent en si grande quantité à Bernate, c'est-à-dire tout près des Alpes? Il y a là certainement une difficulté. Cependant on pourrait peut-être s'expliquer ce fait de la manière suivante : à l'époque où les glaciers des Alpes avaient pris une extension si considérable, l'énorme quantité d'eau qu'ils envoyaient à la mer devait nécessairement exercer une influence sur celle-ci, et cette influence a dû être d'une double nature. D'abord, l'eau provenant des glaciers étant douce, le degré de salure de la mer a dû en être notablement diminué, et l'eau sera devenue saumâtre, ce qui n'offrait plus à une faune marine des conditions d'existence normale. En outre, l'affluence d'une telle masse d'eau provenant des glaciers aura, à la longue, fait abaisser la température de la mer, et ce refroidissement graduel a dû, à son tour, exercer une action fâcheuse sur une faune habituée à une température plus douce[1]. Ces deux

---

[1] Ce refroidissement correspond probablement à celui qu'ont éprouvé les cô-

 — 38 —

causes rendraient compte de l'absence de coquilles marines
au milieu de la plaine lombarde, à moins toutefois qu'on ne
finisse par en trouver, maintenant que l'attention se con-
centre sur ces débris. Rappelons à cette occasion que les
plaines du Nord de l'Allemagne ont longtemps passé pour
destituées de fossiles marins, et que ce n'est que tout récemment, à la suite de recherches très assidues, qu'on est
parvenu à en réunir une petite collection[1].

Il est évident qu'il s'agit ici d'une action lente et continue
qui n'a pu se produire que très à la longue. Un coup d'œil
jeté sur le pays entre Monza et Côme nous renseigne déjà
suffisamment à cet égard, puisque le paysage morainique
y atteint une largeur de vingt kilomètres. Or, quelque puissants qu'on se représente les anciens glaciers, il leur a fallu
un temps considérable pour effectuer l'entassement de tant
de matériaux morainiques. Pendant ce laps de temps, le
climat a dû subir bien des modifications sous l'influence
de l'envahissement croissant des glaces. On peut admettre,
par exemple, qu'au moment de l'apparition des glaciers sur
le rivage, la température était encore relativement douce,
ensorte que les glaciers ont pu arriver jusqu'à l'issue des
grandes vallées des Alpes et se déverser dans la mer lombarde, sans que le climat se soit refroidi tout de suite. Lors
donc que le glacier qui, débouchant près de Côme et de

tes de la Sicile, alors que le *Cyprina islandica* et le *Natica clausa* habitaient
ces parages.
[1] *Behrendt*. Marine Diluvialfauna Ostpreussens in Zeitschrift des deutsch.
geol. Gesellschaft. Année 1868, p. 435 et 1874, p. 517.

Bernate, poussa pour la première fois ses moraines dans les flots de la mer lombarde, il se peut que la faune marine qui vivait là ne fut pas immédiatement détruite, et qu'elle continua à exister encore quelque temps au milieu des dépôts erratiques. Mais, il est douteux que cette existence ait pu se prolonger lorsque le glacier se fut avancé dans la mer à une distance considérable. De la sorte on expliquerait peut-être comment il se fait que les stations rapprochées des montagnes offrent des fossiles marins, tandis que ces fossiles paraissent manquer dans les formations erratiques situées plus loin du rivage primitif, et qui sont d'origine postérieure.

Du reste, cette association de fossiles pliocènes et de cailloux striés ne se rencontre pas seulement dans les environs de Côme. Elle se présente aussi dans l'intérieur des montagnes, particulièrement dans le Tessin. Nous venions de voir au *Museo civico* de Milan des fossiles pliocènes recueillis en compagnie de cailloux polis et striés, dans les environs de Balerna. Mais au lieu de s'y trouver dans du gravier meuble, ils étaient empâtés dans un limon sableux micacé. Outre les gastéropodes et quelques acéphales, ces fossiles offrent un certain nombre d'échinides de la famille des Spatangoïdes, dont le têt est extrêmement mince. L'espèce en question, un Brissopsis, qui est très voisin de l'espèce vivante de la Méditerranée, le Brissus pulvinatus, Phill. (B. lyrifer, Forb.?), si tant est que ce ne soit pas le même, appartient aux genres qui, de tous les oursins, offrent le têt le plus délicat[1]. Nous

[1] L'oursin en question ne doit pas être très rare au Tessin, car nous en avons

pourrions encore ajouter qu'il existe au musée de Milan un échantillon de ce même limon sableux provenant de Balerna, sur lequel on distingue très nettement des empreintes d'œufs de gastéropodes marins. Or, il est évident que des corps aussi délicats excluent toute idée de transport.

On pourrait encore, il est vrai, soulever une objection et se demander si les coquilles de Bernate ne proviendraient pas de quelque couche pliocène plus profonde, située au-dessous des dépôts erratiques, et qui aurait été remuée par le glacier et ensuite si bien lavée par la vague qu'il n'en serait resté que les têts, tandis que le limon qui les recélait aurait été entraîné. Nous ignorons s'il existe quelque part dans le district de Camerlata des traces de marne pliocène.[1] En tous cas, il serait bien extraordinaire que les coquilles seules se fussent conservées d'une manière si parfaite, et qu'il ne fût demeuré absolument aucune trace du terrain dans lequel elles auraient été primitivement empâtées. Mais si l'on devait, malgré cela, conserver quelque doute sur la contemporanéité de la faune de Bernate et des dépôts errati-ques qui le renferment, un pareil doute serait inadmissible à l'égard des localités tessinoises, où les mêmes coquilles,

reçu dès lors, par l'intermédiaire obligeant de M. Mari, bibliothécaire à *Lugano*, plusieurs exemplaires provenant de la vallée de la Breggia. Je le désigne pro-visoirement sous le nom de *Brissopsis Peechioli*, en l'honneur du conchyliolo-giste de ce nom.

[1] Nous apprenons, en mettant sous presse, que l'on vient de rencontrer, dans une tranchée du chemin de fer de Camerlata à Chiasso, sous un banc de tourbe, une marne fluente bleue et jaune, d'un maniement très difficile au point de vue technique et qui renferme sur certains points du sable et des cail-loux erratiques striés.

associées à des cailloux striés, se trouvent dans un limon ho-
mogène, dont le dépôt s'est conservé intact, sans aucune alté-
ration. Il est évident que les animaux marins, les mollusques
et les oursins, ont vécu là sur place, et que le limon du
glacier, apportant avec lui ses cailloux, est venu les atteindre
et les recouvrir, au temps où la vallée profondément creu-
sée de la Breggia formait, selon Stoppani, un fiord de la
mer lombarde. A cette époque, les emplacements des coquilles et des oursins devaient être plus bas de toute la différence de niveau qui existe aujourd'hui entre eux et l'A-
driatique, c'est-à-dire d'environ 260ᵐ en moyenne. Nous
verrons plus loin quelles conséquences découlent de ce fait
important.

Notre explication est combattue par M. Gastaldi, qui s'ap-
puie sur les phénomènes observés par lui en Piémont. Là,
dit-il, les dépôts glaciaires ne reposent pas immédiatement
sur le pliocène, mais en sont séparés par une couche spéciale
de gravier, c'est-à-dire par une alluvion plus ancienne.

Nous ne voulons contester ce fait en aucune façon, et
d'autant moins que la même disposition se rencontre aussi
sur le versant nord des Alpes, spécialement aux environs de
Genève. Elle y est même tellement générale, que Necker de
Saussure l'avait envisagée comme la règle. Mais cela n'affai-
blit aucunement la signification de la présence de coquilles
pliocènes au milieu des dépôts erratiques de Bernate. Peut-
être la contradiction apparente des deux faits pourrait-elle
être conciliée, en supposant que dans certaines vallées très

larges, les glaciers ont mis beaucoup de temps à gagner le littoral de la mer lombarde, ensorte que les torrents qui s'en échappaient, auraient eu le temps d'entasser d'énormes masses de gravier devant eux. Ces graviers auront formé des deltas dans la mer lombarde. Plus tard, lorsque les glaciers, gagnant du terrain, atteignirent eux-mêmes la plaine, ils ont pu s'étendre, en plus d'un endroit, sur ces alluvions. Mais cela n'empêche pas qu'en d'autres lieux, comme à Bernate, les glaciers, s'avançant plus rapidement, n'aient pu pénétrer directement dans la mer et y mêler leurs dépôts erratiques à la faune qui y vivait alors, comme on l'a observé aussi en Ecosse et sur la côte de l'Etat de New-York.

Nous ne cacherons pas, cependant, que le problème se complique ici d'une autre difficulté, savoir du fait que les lacs de la Lombardie n'ont pas été comblés par les énormes amas de débris erratiques qui se trouvent entassés dans la zone morainique. Nous essayerons d'en donner plus loin l'explication, quand nous aurons déterminé plus exactement les phases diverses de l'époque glaciaire. Mais auparavant abordons une autre question, non moins importante, celle de l'exondement ou de la mise à sec de la plaine lombarde. De ce qui précède, il résulte que la mer lombarde baignait à l'origine les versants escarpés des Alpes près de Côme et tout le long de la chaîne, et que tel était l'état des choses lorsque les glaciers vinrent empiéter sur son domaine et commencèrent à y jeter leurs dépôts erratiques. Ainsi se forma la région du paysage morainique. Mais cela ne nous

explique pas encore le remplissage de toute la vaste plaine
de la Lombardie, au-delà de la zone morainique, spécialement
le long des rives actuelles du Pô. L'exhaussement seul ne
saurait rendre compte de l'ensemble des phénomènes. Il est
incontestable que des changements de niveau ont eu lieu :
cela ressort à la fois de la position des coquilles de Bernate
et de la Breggia, ainsi que de l'altitude des collines pliocènes
au pied de l'Apennin, spécialement dans les environs de Bologne. Nous essayerons plus tard de rechercher quel a été le
caractère de ce soulèvement. Toutefois nous ne pouvons pas
nous défendre de la pensée que d'autres causes encore ont
concouru au façonnement de la plaine lombarde. Celui qui
connaît quelque peu les torrents des glaciers, sait quelle
incroyable quantité de sable fin et de limon ils entraînent
avec eux. Et quand on considère qu'à l'époque glaciaire, les
glaciers avaient une étendue vingt fois plus grande qu'aujour-
d'hui et que pour peu que la quantité d'eau qui s'en échappait
fût proportionnelle à leurs dimensions, il devait, à l'époque
de la fonte, en résulter d'énormes et impétueux courants, il
n'est pas trop difficile de se figurer que les limons de la
Lombardie puissent être le résidu de la boue des grands
glaciers. Si l'ancien glacier du Rhin a pu, par l'accumulation
du loess, former la plaine du Rhin et la Wetterau, pourquoi
les glaciers réunis du versant méridional des Alpes n'auraient-
ils pas formé la Lombardie ? La Lombardie dans sa forme
actuelle serait, dans cette hypothèse, principalement le résultat d'un colmatage, comme l'est probablement aussi la Hon-

gric et comme le sont les vastes plaines de l'Indostan au pied de l'Himalaya.

Reste la question du climat. Au premier abord, l'explication proposée ici semble se heurter à de graves difficultés. En effet, on est habitué à se représenter la période pliocène comme ayant joui d'une température relativement élevée, et voilà qu'il faudrait admettre qu'à la fin de cette même époque d'immenses glaciers descendaient des Alpes jusque dans la mer! Toutefois, la faune ne fournit pas à elle seule un criterium suffisant; la flore pourrait nous renseigner à cet égard d'une manière beaucoup plus sûre. On n'a pas trouvé, il est vrai, à Bernate, de traces de végétaux, et jusqu'ici le Tessin n'a fourni que quelques empreintes de plantes insuffisantes pour nous éclairer. Mais on connaît, par contre, plusieurs genres de végétaux des stations piémontaises, entre autres une noix qui se rencontre assez fréquemment, *Juglans tephrodes* Ung., très voisine d'une espèce américaine (Juglans cinerea), et qui indique un climat assez peu différent du climat actuel, quoique probablement un peu plus chaud. Il en résulte que les glaciers des Alpes s'étendaient jusque dans la Lombardie, à une époque où, sur la lisière des montagnes, croissaient les noyers et d'autres arbres du même genre, c'est-à-dire où le climat était loin d'être glacial.

Ce serait peut-être le moment d'examiner si l'idée qu'on se fait des conditions de l'époque glaciaire est complétement juste, ou si elle n'est pas tout au moins incomplète sous plus d'un rapport. On s'est habitué à associer l'idée de la présence des glaciers à celle d'un froid considérable. Nous devons nous attendre, jusqu'à ce qu'on soit revenu de cette opinion, à voir l'exactitude de nos observations mise en doute de plus d'un côté. Aussi regardons-nous comme très essentiel que tous les géologues qui s'intéressent à cette question, veuillent bien, autant que faire se pourra, aller vérifier sur place nos observations, aussi bien à Bernate que dans le Tessin.

On a déjà fait observer, du point de vue de la physique du globe, que la formation des glaciers dépend moins du froid qui règne sur une chaîne de montagnes, que de la quantité et de la distribution des neiges. Ainsi nous savons qu'à la Nouvelle-Zélande, selon Hochstetter[1], les glaciers, entre le 42e et le 44e degré de latitude sud, descendent en moyenne jusqu'à 4500 pieds, tandis que dans les Alpes, sous les 46e et 47e degrés de latitude nord, la limite des glaciers ne descend pas en moyenne au-dessous de 5700 pieds.

La chose est encore plus remarquable dans le Chili méridional[2], où les glaciers atteignent même la mer, comme par exemple au golfe de Penas, sous 46°,40 de latitude sud, et au Sir George Eyres Sound, sous la même latitude que Paris. Dans ces deux baies, de grandes masses de glace se précipitent des glaciers dans la mer et y sont entraînées au loin sous la forme de montagnes de glace flottantes.

Ce serait se tromper grandement que de s'imaginer que parce qu'à la Nouvelle-Zélande ou au Chili les glaciers des-

[1] *Hochstetter*, Neu-Zeeland, p. 349.
[2] *Darwin*. Journal, p. 283

cendent beaucoup plus bas que chez nous, le climat doit y
être plus froid dans la même proportion. Nous ne possédons que des notions vagues, il est vrai, sur la faune marine
et la flore terrestre du Chili méridional, là où les glaciers
atteignent la mer. Mais nous en savons assez pour pouvoir
affirmer que la nature n'y est pas aussi chétive qu'elle l'est
en Europe, dans des conditions analogues, par exemple, en
Norwége, sous le 67ᵉ degré de latitude nord, point où les
glaciers atteignent la mer pour la première fois dans notre
hémisphère.

A la Nouvelle-Zélande, les phénomènes ont plus d'importance. Dans ce pays où, sous les 42ᵉ et 44ᵉ degrés de latitude,
certains glaciers descendent jusqu'à 500 mètres, le climat
n'est rien moins que rude. La végétation est au contraire
très luxuriante, et dans le voisinage immédiat des glaciers
on voit prospérer des types qu'on aurait crus d'abord propres
à la zone des tropiques plutôt qu'à celle des glaciers, comme
par exemple, diverses espèces de fougères arborescentes,
avec des Dracæna, des Metrosideros, des Aralia, qui ne sup-
portent pas les hivers de la Lombardie : preuve que les glaciers n'opposent pas à la végétation un obstacle insurmontable.

Mais si des fougères arborescentes prospèrent aujourd'hui
à la Nouvelle-Zélande dans le voisinage immédiat des glaciers, pourquoi, au début de la période glaciaire et dans
des conditions appropriées, le noyer n'aurait-il pas pu croître
en Lombardie à la lisière des grands glaciers du Tessin et de
la Valteline?

CHAPITRE TROISIÈME

LES FORMATIONS MORAINIQUES AU POINT DE VUE

DU CLIMAT

Jusqu'ici nous avons cherché à concilier des phénomènes en apparence contradictoires, en montrant qu'une vaste extension des glaces alpines, telle qu'elle nous est révélée par le paysage morainique, n'était pas incompatible avec l'économie animale et végétale. Mais là ne doivent pas s'arrêter les enquêtes. La formation erratique ou quaternaire a cela de particulier qu'elle ne présente pas un cachet unique; elle revêt, au contraire, des aspects divers non seulement au point de vue de sa composition, mais aussi et surtout au point de vue de sa flore et de sa faune. D'ordinaire, lorsqu'il s'agit de circonscrire une formation ou même un étage, on peut ne pas hésiter à y ranger des dépôts de structure et

d'origine très diverses; ainsi, de puissantes masses de conglomérats peuvent, malgré leur origine, se placer dans un même
groupe avec des dépôts très homogènes, à condition qu'il y
ait unité sous le rapport paléontologique. C'est ainsi que le
miocène suisse comprend à la fois les poudingues très uni-
formes du Rigi et les grès réguliers de la molasse.

Il n'en est pas de même des terrains quaternaires. Non
seulement les matériaux varient à l'infini, mais les débris
d'animaux et de plantes qu'ils renferment présentent des
différences non moins significatives. Il peut même se faire
que le contraste soit plus frappant d'une phase à l'autre de
la période quaternaire qu'il ne l'est entre deux formations
distinctes, par exemple entre la formation jurassique et la
formation crétacée. On dirait un temps de crise, pendant
lequel la surface de notre planète a été livrée à toute sorte
de perturbations.

C'est ici le lieu de rappeler qu'à côté des climats tempérés,
que nous avons reconnus, il a existé, à l'époque quaternaire,
des périodes pendant lesquelles le climat a été sensiblement
plus froid. Ce fait important est établi par de nombreuses
observations, empruntées à la fois à la zoologie et à la bota-
nique et recueillies sur les points les plus divers du globe.
Qu'il nous suffise de mentionner les amas de coquilles marines qu'on rencontre sur les rivages jadis submergés de la
Grande-Bretagne et de la Scandinavie, les espèces boréales
qu'on trouve dans le pliocène de Sicile, la faune du crag de
Norwich, dont douze espèces de coquilles marines sont pro-

près aux mers boréales. Nous avons nous-même constaté le même fait dans le nord des Etats-Unis, où nous avons recueilli, dans le limon sableux des bords du St-Laurent, la *Saxicava rugosa* et la *Tellina groenlandica*, qui aujourd'hui sont reléguées dans des parages beaucoup plus septentrionaux. Enfin il est démontré par les recherches de M. Sandberger que les coquilles du loess de la vallée du Main se rapportent en partie à des espèces boréales qui ne prospèrent plus guère aujourd'hui que dans le nord de l'Europe[1]. Il en est même dont l'habitat est limité à la Laponie et aux Alpes du Valais, par exemple, le *Pupa columella*.

Les ossements de grands mammifères, qui sont si abondants dans le loess, nous conduisent au même résultat. Non seulement les plus remarquables d'entre eux, le mammouth et le grand rhinocéros aux cloisons nasales osseuses, étaient tous deux velus, mais nous avons vu plus haut (p. 27) qu'en Bavière ils se trouvent associés au renne, d'où il est permis de conclure qu'à l'époque où ces animaux vivaient, le climat était assez froid.

Mais les preuves les plus concluantes en faveur d'un climat plus rude nous sont fournies par des découvertes toutes récentes, dues à un jeune naturaliste suédois, M. Nathorst[2].

---

[1] Voy. *Sandberger*. Die præhistorische Zeit im Maingebiete, 1875. — Il est vrai que ces résultats ne concordent pas avec la flore des tuffs de Cannstadt, dont toutes les plantes, à l'exception de trois espèces éteintes, se trouvent aujourd'hui en Wurtemberg. Mais il ne faut pas perdre de vue que le tuff de Cannstadt a pu se déposer pendant plusieurs époques consécutives.

[2] Comptes-rendus de l'Académie des sciences de Stockholm, 1873, N° 6, p. 11. — Archives des sc. physiques et naturelles, tome 51e, sept. 1874, p. 52.

4

Ce savant s'étant imposé la tâche d'explorer le terrain quaternaire du nord, au point de vue du climat, avait reconnu
que dans tout le nord-ouest de la Scanie les moraines profondes sont généralement recouvertes par des dépôts d'eau
douce argileux ou sableux, renfermant des restes d'une végétation arctique, tels que des feuilles de *Salix polaris*, *S. herba-
cea*, *S. reticulata*, *Dryas octopetala* et *Betula nana*, auxquelles sont associées parfois des coquilles d'eau douce en
assez grande abondance[1].

D'ordinaire ce dépôt forme le sous-sol des tourbières, et
ce n'est qu'exceptionnellement qu'il se montre à la surface.
Sa faune et sa flore sont évidemment post-glaciaires. Les
mêmes résultats ont été obtenus en Danemark[2] et dans l'Allemagne du Nord, spécialement à Œrzendorf, station de chemin
de fer entre Neu-Brandenbourg (Mecklembourg) et la petite
ville de Strassburg (province de Brandebourg). Les marais
de la Bavière devaient corroborer ces résultats. M. Nathorst
a trouvé au Kolbermoor, près de la station du même nom
(Basse-Bavière), les feuilles de *Betula nana* en quantité si
considérable, qu'elles formaient, avec les branches du même
bouleau, un véritable lit à la base de la tourbe. Enfin, la

[1] Limnea limosa, Anodonta, Pisidium pulchellum, P. Henslowianum, Cy-
theridea torosa.

[2] En Suisse et en Danemark, M. Nathorst a recueilli les végétaux arctiques
à deux niveaux différents qu'il rapporte à deux périodes distinctes, l'une qu'il
appelle postglaciaire, et l'autre interglaciaire, parce qu'elles sont séparées par
un lit de pierres angulaires qui seraient selon lui des débris de moraines. Nous
ne pouvons nous empêcher de faire à cet égard quelques réserves. En tous cas,
cette distinction n'a rien de commun avec la période interglaciaire de Suisse.

Suisse a aussi fourni à l'intrépide géologue suédois son
contingent de végétaux arctiques. Il a eu la bonne fortune
de découvrir dans une localité du canton de St-Gall, à Gfenn,
près de la station de Schwerzenbach, au sein d'un limon
reposant sur l'argile glaciaire, des feuilles de bouleau blanc
et des cônes de pin, et dans la partie supérieure de l'argile
elle-même, des feuilles de *Myriophyllum,* de *Dryas octopetala*
et de *Betula nana* avec des saules, des mousses, des élytres
de coléoptère. La partie inférieure de l'argile renfermait en
outre des feuilles de *Salix reticulata* et de *Salix polaris.* Toutes ces espèces ont été déterminées par M. O. Heer. Aujour-
d'hui le Salix polaris ne se trouve pas même dans les hautes
régions des Alpes; il est propre aux régions polaires.

On ne risque pas de se tromper en admettant pour cette
époque une température moyenne de 6°, qui est celle du
plateau d'Einsiedeln et des hautes vallées du Jura où croît
encore de nos jours le bouleau nain. Ce serait ici le lieu de
rechercher s'il y a concordance dans les différents pays,
entre les terrains qui renferment cette faune boréale, en
d'autres termes si le climat que cette flore indique se rapporte à une même époque, ou si peut-être le climat de l'Europe a subi plusieurs refroidissements séculaires pendant la
période glaciaire. Mais ceci nous éloignerait trop de notre
but; c'est pourquoi, laissant de côté la comparaison avec les
phénomènes glaciaires des autres pays, nous nous limiterons
pour le moment aux phénomènes des Alpes.

Le fait saillant qui ressort de ces enquêtes, c'est qu'en

Suisse, le climat s'est trouvé sensiblement refroidi après le retrait des grands glaciers, puisque les plantes polaires ci-dessus mentionnées proviennent d'une couche de limon et de sable qui n'est en aucun cas plus ancienne que le loess. Or, nous avons vu que ce dernier se rattache directement à la fonte des grands glaciers, puisqu'il en est le produit. Il y aurait donc eu abaissement constant de la température, à partir du commencement de l'époque glaciaire; car on ne signale le bouleau nain et les autres espèces caractéristiques de l'argile des tourbières, ni dans le loess, ni dans les lignites de Durnten, d'Utznach, etc., et pourtant ces derniers sont in-terglaciaires.

Arrêtons-nous un instant à cette qualification d'*inter-gla-iciare,* qui nous permettra peut-être de résoudre plus d'une difficulté qui paraissait insurmontable, aussi longtemps qu'on envisageait l'ancienne extension des glaciers comme un acci-dent ou une catastrophe unique.

L'idée d'une longue période de froid aux phases multiples n'est pas de date récente. Il y a quelque vingt ans que, visitant avec feu M. Escher de la Linth les différents gîtes de charbon ou lignites feuilletés de la Suisse orientale, je soutins, contrairement à l'opinion de mon célèbre ami, que ces lignites, bien que recouverts par des blocs et des graviers erratiques, ne devaient pas être préglaciaires, comme on le croyait, attendu que les renflements de molasse sur lesquels ils reposent, avaient tout-à-fait l'apparence de surfaces mou-tonnées. Il en résultait, comme conséquence, que les lignites devaient correspondre à une sorte d'interrègne dans le régime général des glaces. Cette théorie, vivement combattue à l'origine, s'est trouvée confirmée depuis par la présence de blocs et de cailloux polis et striés, signalés par M. Messikommer, au-dessous des lignites de Mœrschweil et de Unter-Wetzikon, et reconnus depuis par d'autres géologues.

A la même époque à peu près, M. Morlot, se fondant sur la disposition et la succession du terrain quaternaire des bords de la Dranse, avait, à l'exemple de M. Chambers, admis non plus seulement deux phases distinctes, mais deux époques glaciaires[1]. Une distinction semblable fut proposée par Scipion Gras[2], pour le terrain erratique du Dauphiné. L'auteur y distingue un premier dépôt glaciaire avec cailloux rayés, son *diluvium inférieur*; par dessus un dépôt de glaise sablonneuse avec cailloux lavés et débourbés, son diluvium à quartzites, qui paraît être l'équivalent de l'alluvion ancienne de Necker, et au-dessus de ce diluvium à quartzites, des blocs erratiques qui dénotent une seconde invasion des glaciers.

Il est vrai qu'ailleurs cette moraine profonde ou diluvium inférieur fait défaut et c'est alors l'alluvion ancienne (le diluvium des géologues piémontais) qui repose directement sur

[1] *Morlot A.* Note sur la subdivision du terrain glaciaire en Suisse. Bibliothèque universelle de Genève, 1855. — *Le même.* Sur le terrain quaternaire du bassin du Léman. Bulletin de la Soc. vaudoise des sciences naturelles, N° 44.

[2] Sur la période quaternaire dans la vallée du Rhône. Archives de la Bibliothèque universelle, mai 1855. — Note sur la nécessité d'admettre deux époques glaciaires. Archives de la Bibl. univ., mai 1858.

la roche en place. Il en est ainsi non seulement aux environs de Genève, mais dans les vallées italiennes, où le dépôt est souvent agglutiné en une sorte de béton (ceppo), au-dessous duquel j'ai vainement cherché un dépôt glaciaire inférieur. Bon nombre de géologues s'en sont prévalus pour combattre l'hypothèse de deux périodes glaciaires. Il n'y aurait eu, selon eux, qu'une seule invasion des glaciers, qui aurait été précédée par de grandes inondations dont le diluvium ou alluvion ancienne serait le produit. C'est plus simple et en apparence plus satisfaisant. Mais ici encore la théorie doit se plier aux exigences des faits. S'il est démontré que sur tel point bien authentique le diluvium repose sur un véritable dépôt morainique, il faudra bien se rendre à l'évidence et admettre que si ce dépôt n'existe pas ailleurs, c'est qu'il a été emporté, peut-être par les mêmes courants qui ont déposé le diluvium.

Le diluvium ou l'alluvion ancienne représenterait ainsi l'interrègne glaciaire, et c'est de cet interrègne que dateraient les traces de végétaux signalés à la Dranse par feu Morlot et surtout les lignites de Wetzikon et de Durnten.

Pour que la végétation qui a produit ces lignites ait pu se développer, il a fallu que le glacier se retirât et laissât le champ libre aux plantes qui s'y installèrent. Le sol de la plaine suisse s'est ainsi trouvé petit à petit recouvert de savanes et de marais dans lesquels se plaisaient les grands pachydermes de l'époque, l'Elephas antiquus, le Rhinocéros Merkii et le Bos primigenius. Cette phase a dû nécessairement être de longue durée, si l'on considère le temps qu'il

faut à la tourbe pour produire une quantité aussi considérable
de matières charbonneuses (en moyenne un mètre de lignite).

Jusqu'où les glaciers de cette première invasion se sont-
ils retirés dans les montagnes, c'est ce qu'il est difficile de
préciser. Ce qui paraît certain, c'est qu'ils ont quitté tempo-
rairement la plaine suisse, mais pour revenir d'autant plus
puissants et plus redoutables.

Chose curieuse, la flore de la période interglaciaire n'indique pas un climat rigoureux, comme on serait porté à le
supposer. Les espèces végétales qu'on y rencontre sont celles
qui croissent de nos jours dans les mêmes localités, à la
seule exception de l'érable de montagne *(Acer pseudoplatanus)*
et du pin de montagne *(Pinus montana)*, qui aujourd'hui ne
descendent plus qu'exceptionnellement dans la plaine. Il
s'agit donc d'un climat un peu plus froid que celui de nos
jours (probablement 8 ou 9° C.); par conséquent bien plus
tempéré que celui de la période postglaciaire, tel qu'il ressort des observations de M. Nathorst rapportées ci-dessus.

Ajoutons enfin que, d'après une découverte récente de
M. Rutimeyer, l'homme aurait été le contemporain de cette
faune et de cette flore interglaciaire. Ce savant vient de
reconnaître parmi le charbon de Wetzikon des objets qui
attestent la main de l'homme. Ce sont de petits bâtons en
bois de conifères, taillés en pointe, avec des empreintes de
liens qui formaient une sorte de treillis[1]. Espérons que l'on

[1] *Favre Ernest.* Revue géologique pour l'année 1874, p. 312. Il est à espé-
rer que le dessin et la description de ce curieux objet ne tarderont pas à paraître.

finira par découvrir aussi quelque jour, dans ces mêmes charbons, des restes matériels de l'homme, des débris de son squelette qui nous permettent de le comparer avec l'homme du loess ou la race de Cannstadt, qui est envisagée jusqu'ici comme le type fossile le plus ancien[1].

On se demande involontairement quel peut avoir été le sort de cet homme primitif, contemporain de l'Elephas antiquus et du Rhinocéros Merkii, lors de la grande invasion des glaciers qui a suivi, et si, comme eux, il a succombé à cette violente crise ?

[1] *De Quatrefages A. et Hamy.* Crania ethnica ou les crânes des races humaines, in-4°, Paris 1873.

CHAPITRE QUATRIÈME

CHRONOLOGIE GLACIAIRE OU ORDRE DE SUCCESSION
DES PHÉNOMÈNES

Nous abordons ici la partie la plus difficile du problème. Le nœud de la question gît dans les lignites interglaciaires. En effet, du moment que les charbons de Wetzikon sont compris entre deux invasions de glaciers alpins, il s'ensuit que la période quaternaire doit comprendre au moins quatre phases, savoir :

1. Une première phase glaciaire ;
2. Une phase interglaciaire ;
3. Une seconde phase glaciaire ;
4. Une phase postglaciaire. Cette dernière n'est pas encore la période actuelle, mais elle l'a immédiatement précédée.

A Wetzikon, l'ordre de superposition des dépôts indique

leur âge relatif. Les blocs et cailloux erratiques sur lesquels
repose le lignite sont bien le dépôt ancien, car rien n'autorise
à supposer qu'il se soit produit ici un renversement ou un
bouleversement qui ait mis les dépôts sens-dessus dessous.
Par conséquent, on devra attribuer à la seconde invasion non
seulement les blocs qui surmontent directement les lignites,
mais encore les moraines et dépôts erratiques des environs
qui se relient à ces mêmes blocs et graviers.

Il est à présumer que les deux invasions glaciaires n'ont
pas été d'égale importance, qu'elles n'ont pas atteint les
mêmes limites en hauteur et en étendue. Ici se pose la
question de savoir laquelle des deux a été la plus importante.

Si le dépôt morainique, sur lequel repose le lignite de
Wetzikon, renfermait des cailloux et des blocs d'une nature
particulière, différents, par leur composition, de ceux qui se
trouvent dans les graviers entassés au-dessus des bancs de
charbon, on pourrait, à la faveur de cette diversité, s'assurer
si les blocs les plus distants correspondent à l'horizon supérieur ou à l'horizon inférieur de Wetzikon et de la sorte
trancher d'une manière définitive la question de leur âge ou
plutôt de leur transport respectif. Mais tel n'est malheureusement pas le cas. Les blocs et cailloux sont de même
espèce minérale au-dessus et au-dessous des bancs de lignite,
ce qui n'a, du reste, rien de surprenant, du moment qu'ils
proviennent du même grand bassin erratique.

Au premier abord, on est disposé à admettre que les moraines les plus distantes et les blocs erratiques les plus élevés

doivent provenir de la première invasion. C'était l'opinion
de Morlot, à laquelle je m'étais aussi arrêté en premier
lieu et à laquelle se rattachent encore beaucoup de géologues.
Il semblait étrange, entre autres, que les lignites de Wetzikon
avec les graviers qui les recouvrent eussent pu résister à la
pression et à la poussée d'une masse de glace aussi formi-
dable que celle que supposent les niveaux atteints sur le
Jura par les blocs erratiques, c'est-à-dire plusieurs milliers
de pieds. On pourrait croire, en effet, qu'il y avait là une
impossibilité physique; mais en y réfléchissant, on finit par
comprendre que la difficulté existe également pour un glacier
moins colossal, de quelques cents pieds seulement, qui ne se
serait étendu que jusqu'au pied du Jura au lieu d'en atteindre le sommet.

Voyons maintenant s'il n'existe pas des raisons tout aussi
concluantes en faveur de l'hypothèse qui attribue le rôle
principal à la dernière invasion glaciaire. Et d'abord, si elle
avait été restreinte en étendue, elle l'aurait été également
en hauteur, et l'on trouverait sur les flancs des vallées alpines
des traces de sa présence, soit des traînées de blocs erratiques, soit une limite supérieure de polis différente de celle
que nous connaissons et probablement plus inclinée.

Quant à la flore, nous venons de voir que celle qui at-
teste le climat le plus boréal est survenue en dernier lieu,
par conséquent à la suite de la dernière invasion. Cela
n'est que naturel, si l'on admet que cette seconde invasion
a été prépondérante. Le climat aurait eu le temps de se

détériorer pendant que toute la plaine suisse était ensevelie
sous un manteau de glace. On conçoit dès lors pourquoi la
période postglaciaire a été plus froide que la période interglaciaire.

Un second argument nous est fourni par l'étude comparée
de la faune. Nous savons que le mammouth et son compagnon, le rhinocéros velu, se rencontrent essentiellement dans
les dépôts quaternaires stratifiés, spécialement dans les terrasses des rivières, et que leurs débris se trouvent même
mêlés à ceux de l'homme primitif, dans bon nombre de
cavernes, tandis que l'Elephas antiquus et le Rhinoceros
Merkii sont propres aux lignites interglaciaires et ne se
retrouvent ni dans les alluvions, ni dans les cavernes.

Du moment qu'il est établi qu'en Suisse le mammouth est
étranger aux dépôts interglaciaires, on est autorisé à en
conclure qu'il est plus récent. Nous avons vu plus haut (p. 27)
qu'il s'est rencontré avec le rhinocéros velu sur les bords de
l'Isar à un mille de la moraine terminale de l'ancien glacier
de ce nom, c'est-à-dire à la limite extrême des glaces alpines,
lors de leur plus grande extension. C'est sans doute de là
qu'il a pénétré vers le Sud et jusqu'en Suisse, à mesure que
les glaces se retiraient. On explique ainsi pourquoi en Suisse
ses ossements se montrent de préférence dans les graviers
superficiels, là où le loess fait défaut. A partir de ce moment,
le mammouth et le rhinocéros velu ont continué à co-exister
avec l'homme de l'âge paléolithique. Par conséquent, s'il est
établi qu'ils se rattachent à la grande invasion, à celle qui a

porté ses moraines et ses blocs jusqu'à Lyon et jusque dans
les plaines de l'Allemagne, il s'ensuit forcément que celle-ci
doit être la dernière. Aussi bien, une seconde invasion qui
serait venue après n'aurait pas manqué de fournir aussi son
diluvium et son loess. Or, nous ne connaissons nulle part,
à l'exception des alluvions modernes, un dépôt de transport
qui soit plus récent que le loess ou le diluvium à mammouth.
Donc, la grande invasion est survenue à la fin de la période
glaciaire.

Si telles sont les phases de la période glaciaire en Suisse,
il est évident qu'elles ont dû se produire dans le même ordre
sur le versant méridional des Alpes. Ici cependant les points
de repère essentiels nous font encore défaut. Ainsi on n'a pas
encore constaté les débris d'une flore boréale au fond des
tourbières actuelles de la Lombardie. Tout au plus peut-on
citer quelques troncs d'aroles dans les tourbières de la
moraine d'Yvrée. Quant aux lignites quaternaires, ils ne
sont pas absents; M. Stoppani en a fait connaître un dépôt
fort remarquable dans le bassin de Leffe (val Gandino), mais
jusqu'ici on n'a pas pu fournir la preuve qu'il se trouve
compris entre deux dépôts glaciaires, comme les lignites de
la Suisse. Malgré cela, M. Stoppani n'hésite pas à l'envisager
de tous points comme l'équivalent des charbons de Durnten
et d'Utznach. Les plantes qui s'y trouvent sont toutes d'espèces vivantes, indiquant un climat analogue à celui de nos
jours. On y signale entre autres[1] la châtaigne d'eau (*Trapa*

[1] Corso di geologia, vol. II, p. 669.

natans), une noix *(Juglans bergomensis* Bals.), la châtaigne *(Castanea vulgaris* Link), la noisette *(Corylus Avellana)*, le sapin blanc *(Abies excelsa* D. C.) et un fruit particulier *Folliculites neuwerthianus* Massal.). Les coquilles d'eau douce, qui sont très abondantes au-dessus et au-dessous du lit de charbon, paraissent être identiques à celles qui habitent de nos jours la Lombardie. Cependant tous les conchyliologistes ne sont pas d'accord sur ce point.

Quant aux mammifères, il y a analogie, mais non pas concordance avec les dépôts interglaciaires de la Suisse, puisque l'Elephas antiquus y serait remplacé par l'Elephas meridionalis, le Rhinoceros Merkii par le Rhinoceros lepto-rhinus (Cuv. non Owen) et l'Auerochs ou Bos primigenius par le Bos etruscus Falc.

S'il était démontré que les lignites de Leffe sont de même âge que ceux de Suisse, il en résulterait qu'ils doivent être également interglaciaires, c'est-à-dire postérieurs à la première invasion des glaciers, qui a dû acquérir à peu près les mêmes proportions sur les deux versants des Alpes. Par conséquent, si l'on vient à démontrer que la période inter-glaciaire a été suivie d'une seconde invasion plus considé-rable, c'est à cette dernière qu'il faudra attribuer, en Italie, comme sur le versant nord, les dépôts morainiques les plus distants et les blocs erratiques les plus élevés. Nous serions ainsi autorisé à voir dans les amphithéâtres morainiques de Rivoli et d'Ivrée, dans les graviers de Bernate et dans tout le paysage morainique du pied des Alpes italiennes, comme aussi dans les anciennes moraines du lacs de Garde *les té-moins de la seconde invasion.*

Si cette chronologie se justifie, on parviendra peut-être un jour à déterminer, mieux qu'on ne peut le faire aujourd'hui, le climat de chacune de ces phases ou périodes de l'époque glaciaire. Pour peu que la première invasion des glaces soit restée dans certaines limites et n'ait pas été de trop longue durée, on conçoit qu'elle n'ait pas détérioré sensiblement le climat, et par conséquent que la flore de la période inter-glaciaire n'ait pas été trop différente de celle qui l'avait précédée. De même il se pourrait que la seconde invasion, malgré ses proportions plus considérables, n'eût pas réagi d'une manière subite sur la faune et la flore, de manière à autoriser la supposition qu'en débouchant dans la mer lom-barde et dans ses fiords, les glaciers auraient encore pu y rencontrer les mollusques et les oursins de l'époque anté-glaciaire. Mais, à la longue, le manteau de glace qui recouvrait les montagnes et remplissait les vallées a dû exercer son influence, qui se trahit d'une manière non équivoque par la flore boréale que nous rencontrons au fond des tourbières actuelles et qui a été la première à s'aventurer sur le sol refroidi, à la suite de la seconde et grande invasion des glaciers.

La distribution des blocs erratiques nous fournit à son tour un argument en faveur de l'opinion qui envisage la deuxième invasion des glaciers comme la plus considérable.

Il résulte des recherches de ces dernières années que le

bassin erratique du Rhône embrasse une surface beaucoup
plus considérable qu'on ne le pensait au début des études
glaciaires. La carte des formations erratiques du canton
d'Argovie, de M. Muhlberg, nous montre la limite des blocs
du Valais s'étendant non seulement jusqu'au confluent de
l'Aar dans le Rhin et embrassant une partie du Jura bâlois
(comme l'a établi M. le professeur Muller), mais se poursui-
vant aussi, à partir d'Aarau, vers le sud jusqu'au pied du
Napf dans le canton de Lucerne. On signale, entre autres,
dans le district de Zofingue, des chlorites granuleux, des
gneiss chloriteux, voire même de l'arkésine et des poudingues
de Valorsine. Suivant M. Muhlberg[1], la même nappe de glace
se serait encore étendue plus au sud dans les cantons de
Lucerne et de Berne, puisqu'il a trouvé dans la vallée de
Grünebach, au-dessus de Wasen et à l'ouest du Napf, des
blocs d'euphotide (smaragdite). Or, comment admettre que
ces blocs seraient restés intacts à la surface du sol, en présence d'une seconde extension des glaciers qui est censée
s'être avancée au moins jusqu'à Dagmersellen dans la vallée
de la Wigger, jusqu'à Séon dans la vallée de l'Aar, jusqu'à
Othmarsingen dans celle de la Bunz, et jusqu'à Mellingen et
Baden dans les vallées de la Reuss et de la Limmat. Si donc
des blocs valaisans sont ici dans leur position naturelle, ils
doivent dater de la dernière invasion, car il n'y a que la
grande époque glaciaire qui ait pu amener des blocs du fond
du Valais jusqu'à Willisau d'une part, et jusqu'à Waldshut

[1] Die erratischen Bildungen im Aargau, p. 148.

de l'autre, alors qu'au sortir du Valais le glacier atteignait jusqu'à 1600 mètres sur les flancs de la Dent de Morcles. La retraite de ces grandes glaces ne peut s'être effectuée que lentement et graduellement, s'il est vrai que le loess du Rhin et celui de la plaine bavaroise sont le résultat d'un colmatage, le dépôt par lévigation de la boue du grand glacier. Peu à peu, à mesure que le climat s'améliorait et que les neiges tombaient en moindre quantité sur les Alpes, le glacier a dû se retirer de ses cantonnements extrêmes; les rameaux qu'il poussait par dessus les cols et à travers les cluses du Jura se sont détachés, et bientôt les différents bassins se seront trouvés séparés les uns des autres, ayant chacun leur glacier propre. Dès lors la retraite des glaciers a continué, mais d'une manière intermittente, avec des temps d'arrêt plus ou moins longs. On peut admettre, sans crainte de se tromper, que les moraines transversales qu'on rencontre dans la plaine suisse et qui barrent même plusieurs de nos lacs, tels que les lacs de Sempach et de Baldegg, marquent autant de moments d'arrêt, pendant lesquels les matériaux erratiques ont pu s'accumuler, jusqu'au jour où les glaciers ont complétement quitté la plaine. C'est pour n'avoir pas assez tenu compte de cette circonstance que plusieurs auteurs ont été conduits à voir, dans les moraines de la plaine, la preuve d'une époque glaciaire distincte, tandis qu'elles représentent les derniers vestiges de la grande nappe, localisés dans les bassins.

Parvenus à cette phase, les glaciers des Alpes avaient perdu

5

leur caractère arctique; ils étaient redevenus des glaciers de montagne. Chaque bassin étant désormais alimenté exclusivement par les vallées qui y débouchent, ne devait renfermer dans ses moraines que des débris des roches qui sont propres au bassin. C'est ainsi que les graviers qui recouvrent les lignites de Durnten ne sont composés que de roches de la vallée du Rhin et de la Linth. Cependant il ne serait pas impossible d'y trouver de loin en loin quelques cailloux datant de l'époque antérieure, lorsque tous les glaciers étaient confondus en une seule grande nappe[1].

Il est évident que lorsque la calotte de glace qui s'étendait sur toute la Suisse a commencé à se disloquer, et que les points culminants de la plaine ont successivement émergé du sein des glaces, il a dû se produire de véritables débâcles. De puissants courants mêlant leurs dépôts à ceux des glaciers désormais isolés, ont remué et parfois stratifié les moraines et donné lieu à ces dépôts nivelés, souvent fort difficiles à caractériser, que nous avons qualifiés plus haut (p. 13) de remparts morainiques (*rain*), et que l'on a aussi désignés sous le nom de *nappes de comblement*[2]. D'autres fois il n'est resté

[1] On trouverait des blocs erratiques du Valais au milieu de ces moraines que nous n'en serions nullement surpris. Les glaciers du bassin du Rhône qui, à l'époque de la grande nappe, s'étaient avancés fort loin à l'Est, jusqu'au pied du Napf, ont, en se retirant, laissé le sol jonché de débris morainiques venant du Valais. Quelques-uns de ces blocs valaisans ont fort bien pu être remaniés par la suite, de manière à se trouver mêlés aux moraines des glaciers qui débouchaient des vallées de l'Emme et de l'Aar, alors que le grand glacier du Rhône n'était plus là pour les empêcher de se déployer.

[2] *Hogard H.* Recherches sur les glaciers et sur les formations erratiques des Alpes de la Suisse. 1858, p. 167.

des anciennes moraines que des cailloux disséminés. C'est ainsi que sur les plateaux et sur les cols du Jura, aux confins de la région glaciaire, tout le ballast erratique est parfois réduit à des galets de quartzite, qui, en vertu de leur dureté, paraissent avoir seuls résisté à la friction des glaces, tandis que toutes les autres roches auraient été broyées pour former les dépôts d'argile sur lesquels reposent les tourbières.

A la même époque, bien des dépressions du sol et bien des lits de rivières ont dû se combler, et l'on s'explique ainsi comment on rencontre sur les flancs de certaines vallées (de la Sarine à Fribourg) des lambeaux de gravier grossièrement stratifiés, qui sont comme plaqués contre le talus, et qui ne sont autre chose que les restes du remplissage survenu à l'époque des grandes débâcles et dans lequel les rivières modernes se sont creusé un nouveau lit, sans le déblayer complétement.

C'est encore, sans doute, au début de cette même période de retraite, que se sont accumulés les amas de sable et de graviers alpins qu'on rencontre sur les paliers et les gradins du Jura, et qui attestent l'action de torrents impétueux et irréguliers. Ici, cependant, nous ne devons pas nous attendre à rencontrer autre chose que des débris morainiques du bassin du Rhône, attendu qu'après que la nappe de glace fut dissoute, aucun glacier des Alpes ne s'est plus avancé jusqu'au Jura.

La distribution des blocs erratiques en zones sur les flancs du Jura marque également des étapes successives. L'une des plus remarquables de ces zones se trouve à la hauteur de 684m, soit de 250m au-dessus du lac de Neuchâtel; c'est la zone dite de Pierre-à-Bot, dont fait partie le grand bloc de protogine de ce nom. Il faut que le glacier du Rhône ait fait ici une longue halte, puisqu'il y a déposé toute une ceinture de blocs, tous caractéristiques, du Valais, et qu'à côté se trouvent des gravières et des sablières qui attestent que les eaux ont largement remué la moraine profonde, dont il ne reste plus que des lambeaux sur quelques points isolés. Une autre zone, non moins importante, est celle du coteau de Bougy, à la cote de 712m, soit de 337m au-dessus du lac de Genève. Ici le mouvement des eaux a été, si possible, encore plus accentué et plus prolongé, si l'on en juge par les énormes amas de limon qui se trouvent accumulés autour du signal de Bougy. L'étape a-t-elle été assez longue pour donner lieu à une végétation capable de produire les débris que Morlot y a signalés et qui consistent en quelques cônes de sapin, ou bien ces végétaux appartiennent-ils, comme ceux de la Dranse, à l'époque interglaciaire qui a produit les lignites de Wetzikon; c'est ce que des recherches ultérieures nous apprendront peut-être. Ce qui est certain, c'est que si les limons de Bougy se rattachaient à la première invasion glaciaire, celle-ci n'aurait pas pu être restreinte au bassin du Léman, mais aurait recouvert également le plateau du Jorat, dont l'altitude n'atteint nulle part celle du signal de Bougy, mais lui est, en moyenne, inférieure d'une cinquantaine de mètres.

Petit à petit, cependant, le glacier du Rhône a fini par ne plus occuper que le bassin du Léman. Ici encore sa retraite a dû être intermittente, ainsi que l'attestent certains amas de gravier stratifiés, provenant probablement de torrents qui venaient se déverser dans des étangs qui existaient sur les côtés du glacier, comme cela se voit encore de nos jours. Des dépôts semblables ont été signalés dans le temps par Rod. Blanchet, au-dessus de Vevey.

Quand la chronologie que nous entrevoyons sera bien établie pour les phénomènes glaciaires des Alpes, il y aura lieu de rechercher si et dans quelle mesure elle s'applique à d'autres chaînes de montagnes. Pour cela, il sera bon de s'enquérir s'il n'existe pas dans les vallées des Pyrénées, du Cantal, des Vosges peut-être, des bancs de lignite recouverts par des dépôts morainiques, dans des conditions analogues à celles des charbons feuilletés de la Suisse.

CHAPITRE CINQUIÈME

SOULÈVEMENTS ET CHANGEMENTS DE NIVEAU

On est volontiers tenté, lorsqu'il s'agit de rendre compte de l'ancienne extension des glaces, de recourir à des soulèvements. On se demande si le relief des Alpes n'a pas été beaucoup plus considérable, de manière à favoriser une plus grande accumulation de neige, ce qui aurait permis aux glaciers de descendre à des niveaux sensiblement plus bas qu'aujourd'hui. Ce fut, on se le rappelle, l'idée première de J. de Charpentier, idée qu'il a été le premier aussi à répudier, quand il eut étudié en détail les traces des anciens glaciers. Cette opinion était née en effet de la notion toute théorique qu'il devait exister un rapport déterminé entre l'étendue des glaciers et la hauteur des montagnes. Je crois avoir suffisamment démontré, en d'autres occasions, que l'étendue des glaciers ne dépend pas uniquement, ni même essentiellement, de l'altitude des sommets auxquels ils se rattachent[1]. Il est évident aussi qu'un effondrement de toute la chaîne, auquel on attribuait la dislocation des pics alpins, aurait laissé quelques vestiges; il aurait, entre autres, bouleversé les traces des anciens glaciers, et l'on ne pourrait plus songer à poursuivre, sur les flancs des hautes vallées, les lignes des anciens polis ou les traînées morainiques, comme nous le pouvons aujourd'hui.

Malgré cela, l'idée d'une plus grande altitude de la chaîne des Alpes à l'époque glaciaire a persisté, et, à l'heure qu'il est, elle compte encore de nombreux partisans. Morlot avait admis que la première retraite des glaces avait été accompagnée d'un affaissement général du continent d'au moins mille pieds, mais il n'avait fourni aucune preuve à l'appui de cette assertion, ce qui n'a pas empêché d'autres géologues de la reproduire[2]. Mais comme elle n'est étayée par aucun fait nouveau, nous ne pensons pas qu'il y ait lieu de s'y arrêter.

Est-ce à dire que le sol des Alpes ait été immuable? En aucune façon. Les stations de Bernate et de Balerna sont là pour attester qu'il est survenu des oscillations; seulement elles ont eu lieu dans un sens différent de celui que l'on

[1] Nous sommes loin de vouloir nier la diminution que les reliefs des Alpes, spécialement ceux qui s'élèvent au-dessus de la ligne des polis, ont pu éprouver par l'effet de la désagrégation. Les moraines anciennes et modernes sont là pour témoigner du vide qui s'est fait. Nous admettons volontiers que certains pics ont pu être jadis plus élancés, mais ce n'est pas cette quantité qui a pu influer sur l'étendue des glaciers.

[2] *Lyell.* The antiquity of man, 1863, p. 320.

supposait. Au lieu d'un affaissement, c'est un soulèvement
qui nous est ici révélé. A la faveur des faunules de Bernate
et de Balerna, nous sommes aujourd'hui en mesure, non
seulement d'établir le fait de l'exhaussement, mais encore
d'en déterminer la portée. En effet, la hauteur de Bernate
étant de 260^m environ au-dessus de la mer et celle des fours
de Balerna de 270^m, il faut que l'ancien rivage se soit
exhaussé de ces quantités depuis le moment où les limons
et les graviers glaciaires venaient se mêler aux coquilles de
la plage à Bernate et aux oursins du fiord de la Breggia.
Cela étant, l'exhaussement doit être survenu postérieurement
à la grande invasion du glacier et peut-être simultanément
avec le colmatage glaciaire qui a comblé le golfe lombard.
Dès lors il n'y a pas de rapport entre cet exhaussement et la
cause de l'accroissement des glaciers. Peut-être serait-on
plutôt autorisé à mettre cet exhaussement en rapport avec
la fonte des grandes glaces, si l'on parvenait à démontrer
qu'il a eu pour résultat de restreindre considérablement la
surface des mers, en mettant, par exemple, à sec le désert
de Sahara, et en facilitant l'exondement des plaines de l'Allemagne du Nord.

Il y a là, on le voit, matière à des spéculations et à des
recherches variées. Jusqu'ici nous n'avons encore que les
gisements des environs de Camerlata et ceux de la Breggia à
citer. Mais il est à présumer que maintenant que l'éveil est
donné, on retrouvera les traces[1] de cet ancien niveau sur

[1] M. Gastaldi en cite deux dépôts provenant d'anciens fiords, l'un dans la

d'autres points du versant méridional des Alpes. Il y aurait un intérêt tout particulier à s'assurer s'il n'existe pas quelque part, dans la vallée du Rhône, des vestiges de cet ancien rivage au milieu des dépôts glaciaires. Il ne faut pas perdre de vue qu'il s'agit ici d'un surélèvement en masse, qui n'a causé aucun dérangement dans la position respective des reliefs. Dès lors, il a pu affecter de vastes étendues, et l'on conçoit facilement que lorsque la mer Adriatique baignait les flancs des Alpes, au pied des rochers de Côme (à 213m), la Méditerranée, à plus forte raison, ait pu pénétrer jusqu'à Lyon (161m)[1]. Si jamais ce fait venait à être établi, il pourrait nous fournir un point de repère pour rattacher le soulèvement des Alpes à l'exhaussement des plateaux du nord de la France et des côtes de la Grande-Bretagne et de la Scandinavie. Comme notre but n'est pas d'aborder ces questions générales, nous nous arrêterons ici, trop heureux si nous avons pu démontrer l'enchaînement de quelques faits locaux.

Sessera et l'autre dans l'Antrona, deux vallées latérales de la Sesia. Les glaciers pliocéniques de M. Desor, p. 10.

[1] Il est vrai que s'il en est ainsi, il faut à plus forte raison que la Crau ait été envahie par la mer, comme le supposait déjà Saussure (voyage dans les Alpes § 1595). On sait que cette opinion a été combattue depuis par M. Coquand, qui admet dans la Crau deux terrains distincts de poudingues (Bulletin Soc. géol. de France, 2e série, tom. 24, p. 541). Il y aura lieu de revenir sur cette question, quand on sera au clair sur les dépôts quaternaires des environs de Lyon.

CHAPITRE SIXIÈME

DOUTES ET DIFFICULTÉS

I. ORIGINE DES LACS. — THÉORIE DE L'AFFOUILLEMENT.

Il est une première question que tout observateur tant soit peu familier avec la distribution des dépôts erratiques arrive nécessairement à se poser. Pourquoi les lacs alpins ne sont-ils pas comblés ? Il est à peine un lac qui ne soit garni à son extrémité de dépôts erratiques. C'est surtout le cas des grands lacs de la Lombardie. Comment se fait-il que ces amas de cailloux, de graviers et de blocs, qui forment le paysage morainique, aient pu descendre des montagnes et s'entasser au bord de la plaine, sans combler, au préalable, les lacs qui se trouvent sur leur passage. Quel que soit le véhicule que l'on invoque pour le transport de l'erratique, que ce soient

des courants ou d'anciens glaciers, la difficulté est la même.
Il y avait là sur leur chemin des réceptacles qui auraient dû,
semble-t-il, être remplis les premiers. Au lieu de cela, ils
ont été si bien protégés, qu'ils ont encore aujourd'hui une
profondeur considérable, spécialement ceux de la Lombardie.

Plusieurs auteurs ont pensé que les lacs avaient, en effet,
été comblés par l'alluvion ancienne, puis de nouveau affouillés
et déblayés, lorsque les glaciers les ont atteints. C'est la thèse
qu'ont soutenue et soutiennent encore M. G. de Mortillet et
M. B. Gastaldi[1].

Dans un mémoire qui vient de paraître[2], M. Gastaldi complète comme suit sa théorie de l'affouillement :

« Pendant cette période (du pliocène), les glaciers n'existaient pas dans les Alpes ou bien ils étaient peu développés.
A la fin de la période, les Alpes s'élèvent d'environ 400 mètres,
la mer pliocène se retire dans les limites qu'elle occupe
aujourd'hui, et les glaciers commencent leur mouvement
vers la plaine. Je ne pense pas que ce mouvement de progression ait été exclusivement l'effet du soulèvement. Je crois,
au contraire, qu'un changement de climat a beaucoup influé
sur l'accroissement des glaciers. Ceux qui occupaient les
vallées principales, telles que celles d'Aoste, de la Toce et du
Tessin, ont dû employer un temps très long, quelque chose
comme huit à dix siècles, à arriver dans la plaine du Pô.
Mais, pendant leur marche dix fois séculaire, l'ablation esti-
vale de chaque glacier a dû produire une grande quantité

[1] Sur l'affouillement glaciaire. Atti della Societa italiana, 1863.
[2] Sur les glaciers pliocéniques de M. E. Desor. Atti della reale academia
delle scienze di Torino. Vol. 10. Séance du 21 février 1875.

d'eau torrentielle, qui, à l'embouchure de la vallée, emporta la couche sableuse du pliocène et déposa sur la marne (pliocène) le cône de déjection.

» Le pied des grands glaciers arrive dans la plaine et s'étend sur le sommet du cône torrentiel, les eaux résultant de l'ablation creusent davantage leur lit dans le diluvium, et arrivent sur la couche marneuse du pliocène. Le glacier s'avance encore, fouille le diluvium et creuse la marne en s'enfonçant dans l'épaisseur de cette roche si tendre et rendue molle par la présence de l'eau.

» Mais, à mesure que le glacier s'enfonce, l'épaisseur de la couche, qui s'oppose à sa marche progressive, s'accroît, et le glacier, au lieu de s'arrêter, se plie en haut, remonte et force l'obstacle. Le sommet de la courbe que le glacier décrit en descendant, puis en remontant, correspond à la plus grande profondeur. »

Ajoutons ici que M. Gastaldi ne se fait pas d'illusion sur les difficultés de sa théorie. « Je ne cache pas, dit-il, que cette interprétation prête le flanc à de sérieuses critiques. » En effet, avant de faire faire aux anciens glaciers des évolutions aussi extraordinaires, il serait bon de citer des exemples de pareilles opérations dans le régime actuel des glaciers. Or, il n'existe, à notre connaissance, rien de semblable dans l'histoire des glaciers, soit des Alpes, soit des régions boréales.

D'autres géologues vont plus loin que M. Gastaldi, et supposent que les glaciers ne se sont pas bornés à déblayer les lacs des Alpes, mais qu'ils les ont creusés. C'est en particulier l'opinion de M. Ramsay, le savant directeur du Survey géologique de la Grande-Bretagne, opinion sur laquelle M. Tyndall

n'a fait que renchérir, en admettant que les glaciers n'auraient pas seulement creusé les bassins des lacs, mais qu'ils
auraient également excavé toutes les vallées des Alpes. Hâtons-
nous de rappeler que ces théories ont été combattues avec
succès par M. Studer, le doyen des géologues suisses[1], ainsi
que par M. Ball[2]. Je puis donc me dispenser d'en rendre
compte, d'autant plus qu'elles n'ont trouvé aucun écho en
Suisse.

Quant à la théorie de l'affouillement, je lui en ai opposé
une autre[3], de concert avec feu A. Escher. Nous supposons
que, lors de la première invasion, les glaciers se sont avancés
assez rapidement pour envahir les lacs avant que les torrents
eussent eu le temps de les combler entièrement. Lorsque
plus tard les glaciers se sont retirés, la glace n'aurait pas
disparu complétement des endroits profonds; il en serait
resté des culots au fond des vallées qui, recouverts par de
puissants amas de gravier, s'y seraient maintenus pendant la
période interglaciaire. Plus tard, lors de la seconde invasion,
les glaciers auraient poussé leurs moraines par dessus ces
anciens fonds de glace et auraient ainsi pu entasser le même
terrain erratique au-delà de la région des lacs, sans que ces
derniers s'en trouvassent comblés.

Nous nous sommes arrêtés un instant à l'idée que peut-

[1] De l'origine des lacs suisses. Bibliothèque universelle, 1864.

[2] On the formation of alpine valleys and alpine lakes. Philos. Magazine.
Febr. 1863, p. 81.

[3] *Desor E*. De la physionomie des lacs suisses. Revue suisse, 1860. — Der
Gebirgsbau der Alpen. Wiesbaden 1865.

être l'affouillement se justifiait dans certaines circonstances particulières. Ainsi, nous savons que les glaciers usent et râpent les rochers de leurs rives, avec d'autant plus d'énergie qu'ils sont resserrés dans un lit plus étroit. Or, comme les grands lacs de la Lombardie occupent des vallées étroites et profondes, on concevrait, au besoin, que les anciens glaciers qui les remplissaient à l'époque glaciaire aient non seulement usé leurs rives, mais peut-être aussi affouillé le fond de leur lit, de manière qu'après le retrait des glaces, la cuvette se fût trouvée vide et prête à se transformer de nouveau en lac. Mais il est à remarquer que tous les lacs du versant méridional des Alpes ne sont pas confinés dans l'intérieur des montagnes. Il est tel lac qui pénètre par son extrémité dans la plaine, témoins le lac Majeur à partir d'Arona, le lac d'Iseo et surtout le lac de Garde, dont la plus grande étendue est en dehors des montagnes. Ici l'ancien glacier n'a dû rencontrer aucune résistance et il est à présumer qu'il ne s'est pas comporté autrement que les glaciers de nos jours. Or, on sait que ceux-ci, dès qu'ils passent d'une gorge étroite dans un élargissement de la vallée, s'avancent en s'étalant, mais sans fouiller ni creuser en aucune façon leur lit. C'est ce dont on peut s'assurer au glacier du Rhône et au glacier de l'Ober-Aar. Ajoutons que, si le rôle des glaciers avait été d'affouiller les vallées, on ne comprendrait pas pourquoi les bassins de certain grand glacier, comme celui de la Dora Baltea, n'auraient pas été déblayés, et pourquoi, en particulier, le val d'Aoste ou celui de Suze seraient privés de lacs. Il faut donc qu'une autre cause ait empêché les lacs de se combler.

Les lignites de Wetzikon et les charbons de Leffe, près Gandino, pour autant qu'ils sont, eux aussi, interglaciaires, nous fournissent, à leur tour, un argument péremptoire contre l'affouillement général. Ces lignites sont, en effet, très peu résistants, et les graviers qui, en Suisse, sont entassés par dessus le lit de charbon, sont tellement meubles qu'il eût suffi d'un faible effort pour les balayer. Le fait qu'ils ont résisté à la seconde extension des glaces et qu'un glacier a pu passer par dessus sans les déranger, nous est une preuve que l'affouillement n'est pas une condition indispensable de la progression des glaciers. Il serait intéressant de pouvoir s'assurer si les grands glaciers du Groenland ne laissent pas aussi subsister des dépôts meubles, dans leur mouvement de progression.

Un problème non moins intéressant se soulève à l'occasion de l'âge des lacs alpins. M. Gastaldi se demande si leurs bassins sont antérieurs ou postérieurs à la période pliocène? Question difficile, en effet, surtout si l'on ne considère que les lacs du versant italien. Pour arriver à une solution tant soit peu satisfaisante, il faut envisager le phénomène dans son ensemble et tenir compte également de la configuration des lacs sur le versant nord des Alpes. Or, que voyons-nous ici ? Les lacs, ainsi que nous l'avons démontré ailleurs[1], sont

[1] De la physionomie des lacs suisses. Revue suisse, 1860. — Der Gebirgsbau der Alpen. In-8°, Wiesbaden 1865.

intimement liés à l'architecture des Alpes; ils se rattachent directement au soulèvement, sans égard à la direction des chaînes. Aussi les voit-on occuper tantôt une cluse, tantôt un vallon, tantôt une combe. Bien plus, il en est plusieurs qui sont à la fois lacs de cluse et lacs de combe, témoin le lac des Quatre-Cantons. Or, comme sur le versant nord le dernier soulèvement a tout à la fois exondé la Suisse et redressé la formation miocène dont les strates ont participé à tous les plissements des formations plus anciennes, nous sommes conduits par là même à cette conclusion que le soulèvement est postérieur à la molasse et qu'il a précédé la formation pliocène, dont il a empêché le dépôt sur le versant septentrional des Alpes.

On nous accordera que ce qui est vrai du versant nord, doit l'être également du versant sud. Ici aussi les bassins des lacs sont autre chose que de simples érosions; ce sont des ruptures ou bien des dépressions entre deux plis (fonds de bateau), qui se rattachent à la genèse même de la chaîne alpine. Ce sont en un mot des *lacs orographiques*. Parfois la rupture se poursuit à travers plusieurs chaînes successives; ainsi, le lac Majeur se compose d'une série de cluses, à partir de Locarno. Il en est de même des deux branches du lac de Côme. Il peut arriver, sans doute, que tel lac se prolonge dans la plaine au-delà de la montagne dans les terrains récents, comme par exemple, le lac Majeur, à partir d'Arona jusqu'à Sesto-Calende. Dans ce cas, il est probable que la rupture s'étendait jusqu'à l'extrémité du lac, à moins qu'on ne démontre qu'elle est le résultat d'une érosion ou d'un barrage. Cela serait, qu'il n'en résulterait nullement que les parties profondes dussent être attribuées à la même cause. Or, nous savons que le lac Majeur et le lac de Côme pénètrent à des profondeurs qui excluent toute idée d'érosion (le premier à 600m, le second à 400m au-dessous de la mer). Le seul lac du versant méridional qui offre à cet égard quelque difficulté, c'est le lac de Garde, dont la partie méridionale s'étale comme un grand golfe dans la plaine. Reste à déterminer si peut-être cette extension du lac n'est pas due à la ceinture de moraines qui l'entourent. La même question se soulève à l'égard des lacs bavarois, l'Ammersee et le Wurm- ou Starnbergersee, qui, comme nous l'avons vu plus haut, sont compris dans la zone morainique de l'ancien glacier de l'Isar (p. 18).

Il me reste à répondre à une dernière et toute récente objection de mon ami Gastaldi, l'éminent géologue piémontais, concernant la séparation du miocène et du pliocène. « C'est, dit-il, précisément cette séparation qu'il n'est pas possible de trouver. La faune miocène se fond si graduellement et si intimément avec celle du pliocène, que le géologue, pour trouver une limite possible entre ces deux terrains, est obligé de recourir à la géognosie plutôt qu'à la paléontologie, en plaçant la limite supérieure du miocène sur la grande zone de gypse qui, du pied des Alpes maritimes, descend sans interruption tout le long de la péninsule italienne. »[1]

[1] Sur les glaciers pliocéniques, p. 6.

C'est bien ainsi que les choses se présentent en Italie. Mais il n'en est pas moins vrai que, sur le versant nord, les phénomènes revêtent un autre aspect. Le pliocène fait complétement défaut, tandis que le miocène a été soulevé à une grande hauteur, souvent redressé et même renversé avec les formations sousjacentes (Rigi, Speer). Nous nous trouvons donc ici en présence d'un grand bouleversement, et j'ajouterai que ce bouleversement a également affecté le miocène de la Lombardie, puisque les conglomérats de Côme sont redressés presque verticalement. Ce bouleversement ne peut être que le résultat du soulèvement des Alpes, qui est aussi celui du Jura, car ici tous les dépôts tertiaires ont également participé au redressement.

Que si maintenant il est établi que les dépôts qui forment les collines tertiaires des environs de Turin n'ont pas participé à cet énorme dérangement, que faut-il en conclure, sinon que la mer y a persisté sans grande perturbation, malgré le soulèvement, tandis que sur le versant nord elle a été complétement déplacée. Cela n'empêche pas que nous n'ayons à enregistrer entre les deux époques miocène et pliocène un grand événement, dont la géologie est obligée de tenir compte. S'il n'y a pas eu déplacement de la mer en Piémont, il est bien naturel que la faune marine s'y soit perpétuée sans autres changements que ceux que nous voyons se produire entre les étages d'une même formation, en vertu de la loi qui exclut le stabilisme de la nature.

D'un autre côté, M. Gastaldi insiste sur la séparation nette qui existe en Italie entre les couches qui renferment la puissante et magnifique faune des grands pachydermes et les couches marines du sable jaune du pliocène supérieur. Ceci non plus ne constitue pas une difficulté insurmontable. Si, d'une part, le passage insensible du miocène au pliocène s'explique parce qu'il n'y a pas eu déplacement de la mer, lors du grand soulèvement qui a précédé l'époque glaciaire, on conçoit, d'autre part, qu'un changement de décoration complet ait pu survenir à la suite d'un exhaussement subséquent de quelques cents mètres seulement, du moment que celui-ci a eu pour résultat d'exonder le pied méridional des Alpes lombardes et de transformer en terre ferme les espaces qui auparavant étaient occupés par la mer. C'est alors seulement que tous ces éléphants, ces rhinocéros, ces hippopotames, ces cerfs, ces bœufs, dont parle M. Gastaldi, ont pu envahir la plaine du Pô devenue désormais terre ferme. Où s'étaient-ils réfugiés pendant que les glaciers venaient déboucher dans la mer Lombarde? c'est ce que des recherches ultérieures nous apprendront peut-être. Comme ce sont les mêmes espèces que celles du val d'Arno, il est permis de supposer que c'est de là qu'ils se sont répandus dans la plaine Lombarde, à la suite du retrait des grandes glaces et de l'exhaussement qui lui a succédé.

II. LA SUCCESSION DES CLIMATS.

La succession des climats, pendant la période glaciaire, exige également des recherches plus étendues que celles que nous possédons maintenant. Nous avons vu (p. 44) que la faune des terrasses de Bernate et du fiord de la Breggia, quoique mêlée à des cailloux glaciaires, indique cependant un climat tempéré, probablement un peu plus chaud que celui de nos jours. Ce résultat est corroboré par les quelques débris de plantes que l'on trouve associés aux mêmes coquilles pliocènes, au pied des Alpes piémontaises.

Si, comme nous avons lieu de le croire, le dépôt morainique de Bernate date de la seconde invasion des glaciers, il s'ensuivrait que le climat de la Lombardie ne se serait pas sensiblement détérioré pendant toute la première phase de l'époque glaciaire. Ceci est du reste confirmé par la flore des lignites de Leffe, près Gandino, et par celle des marnes lacustres du bassin de Pianico, dans le val Borlezza[1]. Nous avons vu, en effet, que les plantes de ces dépôts ne diffèrent pas de celles de nos jours, et quant à la faune, on y trouve les mêmes grands mammifères qui peuplaient le val d'Arno à l'époque pliocène. Le même résultat découle de l'étude de la faune et de la flore des lignites d'Utznach et de Wetzikon,

[1] *Stoppani.* Corso di geologia, II, 1806 et suiv.

dont les plantes sont les mêmes que celles de nos jours, mêlées à des espèces de grands mammifères qui se rapprochent à plusieurs égards de celles du pliocène.

Donc, jusque là point de détérioration sensible du climat. Il n'en serait que plus intéressant de savoir jusqu'où cette première invasion des glaciers s'est étendue. Malheureusement c'est là un point très obscur. Nous savons seulement qu'elle a dû s'étendre en Suisse au moins jusqu'aux environs du lac de Zurich et sur le versant italien jusque près de l'issue du val Seriana, s'il est vrai que les lignites de Leffe, près Gandino, soient interglaciaires. A cette époque, le climat des Alpes aurait eu une certaine analogie avec celui de la Nouvelle-Zélande, en ce sens que les glaciers auraient envahi les vallées, sans que la flore en souffrît sensiblement. Ils ne se seraient pas plus tôt retirés que les plantes quaternaires, qui probablement avaient persisté sur les flancs des montagnes, seraient venues prendre possession du sol et former les savanes qui ont donné lieu aux lignites. Rien à la base de ces bancs de lignites n'indique une végétation plus chétive ni par conséquent un climat plus rude au commencement de cette période qu'à la fin. Ce n'était probablement que le prélude de l'époque glaciaire.

La seconde invasion, qui est la plus considérable, devait être moins inoffensive. On pressent que si elle a eu pour résultat de couvrir toute la Suisse d'un manteau de glace de plusieurs mille pieds, assez puissant pour porter des blocs de granit jusqu'à 1350^m sur les flancs du Chasseron, son influence sur le climat doit avoir été en proportion de sa puissance et de son étendue. Ici nous nous trouvons en présence d'un régime qui rappelle plutôt les glaces du Nord que les glaciers des Alpes ou ceux de la Nouvelle-Zélande. Et pourtant il ne paraît pas que l'action réfrigérante de cette vaste nappe de glace ait été, dès le début, très désastreuse, puisque, en Lombardie, les mollusques pliocènes ont encore persisté pendant quelque temps, alors que le glacier venait mêler ses cailloux au sable du rivage et à la vase des fiords. De même nous avons vu que sur le versant septentrional des Alpes, dans les vallées du Rhin et du Main, les coquilles du loess, tout en indiquant un climat plus froid, sont cependant loin d'être arctiques, non plus que les plantes. Plusieurs des grands pachydermes du loess, le mammouth et le rhinocéros tichorhinus, étaient sans doute organisés pour un climat froid, puisqu'ils étaient pourvus d'une toison, mais ils avaient en même temps besoin d'une pâture abondante, qui devait, à son tour, exclure un climat excessif.

Ce qui paraît certain, c'est que le climat a mis un temps considérable à se réchauffer, après le retrait des grandes glaces, puisque nous trouvons encore une flore boréale à la base de nos tourbières actuelles. Des recherches ultérieures nous apprendront sans doute si cette flore est la continuation de celle du loess. Jusqu'ici on n'a encore signalé dans ce dernier terrain ni le Betula nana, ni les saules du Nord.

L'affinité qui règne entre la flore polaire et la flore alpine, n'est pas non plus étrangère aux péripéties de la période

glaciaire. On doit admettre qu'à la seconde invasion, alors
que la Suisse était recouverte de quelques mille pieds de
glace, la végétation était à peu près bannie des Alpes. Il
est douteux que les pics qui s'élevaient au-dessus de la limite
des glaciers aient pu servir d'asile à une flore, fût-elle même
très rustique, si l'on considère qu'aujourd'hui même ils
n'abritent qu'un nombre restreint de plantes. En revanche,
rien n'empêchait que les parties du continent qui n'étaient
pas envahies par les glaces se garnissent de végétation, ne
fût-ce que pour fournir à l'alimentation des grands pachydermes dont nous trouvons les débris à la lisière des grandes
glaces. Cette végétation a dû couvrir uniformément à peu
près tout le centre de l'Europe et peut-être même s'étendre
à l'Amérique du Nord. C'était une flore arctique. Il n'était
que naturel qu'elle gagnât aussi la Suisse, lorsque les
glaciers vinrent à se fondre; elle y fut suivie par un cortège d'animaux du Nord, auxquels vint s'associer l'homme
paléolithique. Plus tard, quand le climat se fut complétement
rétabli de manière à permettre à la flore actuelle de s'instal-
ler de nouveau, les espèces arctiques se retirèrent de plus
en plus, les unes vers le Nord, les autres dans les hautes
régions des Alpes, mais en laissant pourtant çà et là des
témoins de leur présence sur certains points culminants de
la plaine, tels que le Töss, l'Uetliberg, l'Albis, les Lægern,
etc.

Ces groupes de plantes alpines, que l'on est convenu de désigner sous le nom de *colonies,* seraient ainsi en quelque sorte

les débris d'une flore jadis presque universelle. La flore
arctique aurait précédé la flore actuelle, de même que la
faune boréale a précédé celle qui nous environne. Comme il
n'y avait que le grand glacier du Rhin qui s'avançât jusque
dans les plaines de l'Allemagne, tandis que les autres étaient
limités par la chaîne du Jura, ce serait essentiellement par
la vallée du Rhin que la flore boréale aurait pénétré en
Suisse, ce qui expliquerait, selon M. Heer, ce fait étrange
que la Suisse orientale et spécialement le canton des Grisons
a, en commun avec le Nord, un certain nombre de plantes
et d'animaux qui manquent au reste de la Suisse[1].

Reste enfin un dernier problème dont la solution nous
échappe, mais que les recherches qui se poursuivent aujour-
d'hui si activement dans ce domaine ne manqueront pas
d'élucider; c'est celle qui concerne notre flore. Nous avons
vu qu'elle existait déjà en bonne partie à l'époque interglaciaire. Où s'était-elle réfugiée pendant l'époque des grandes
glaces, pour revenir ensuite prendre de nouveau possession
de ses anciens foyers, à la suite de la flore arctique ?

[1] Heer. Urwelt, p. 510. Ces espèces sont les suivantes, en fait de plantes :
Carex Vahlii, Juncus castaneus, J. stygius, Trientalis europaea, Thalictrum
alpinum ; en fait d'insectes : Leiochiton arcticum, Cymindis angularis, Attalus
cardiacæ, L. sp., Biston lapponarius, Boisd., et enfin une tortue, Chelonia
Quenselii.

RÉSUMÉ

Voici quelle serait, en résumé, d'après les considérations qui précèdent, la succession des événements :

1º Première invasion des glaciers, à la suite du dernier et grand soulèvement des Alpes. C'est le prélude de l'époque glaciaire proprement dite. Les glaciers se développent au milieu d'un climat tempéré qui est attesté par la faune et la flore pliocènes.

2º Première retraite des glaciers. Période interglaciaire. Formation des lignites de Wetzikon et de l'alluvion ancienne. La flore des lignites indique un léger refroidissement. L'homme a laissé des traces de son industrie.

3º Deuxième et principale invasion glaciaire. La Suisse entière se couvre d'un manteau de glace. Les glaciers du versant méridional des Alpes descendent jusque dans la mer lombarde et y mêlent leur ballast aux coquilles pliocènes. Formation du paysage morainique. Les eaux troubles qui s'échappent des glaciers déposent dans la plaine lombarde de puissantes couches de limon qui sont le pendant des dépôts de loess de la vallée du Rhin et du Rhône.

4° Les glaciers fondent de nouveau. De là de grandes débâcles, auxquelles se rattache peut-être la tradition du déluge universel, qui bouleversent, remanient et nivellent les dépôts glaciaires, formant ces amas imparfaitement stratifiés, sans caractère précis, qui se retrouvent à peu près partout sur les plateaux tertiaires de la Suisse. Les glaciers, en se retirant, déposent des moraines concentriques qui barrent les vallées et sont les témoins de leurs étapes. Le climat s'est sensiblement refroidi dans l'intervalle. Une flore arctique a remplacé la flore interglaciaire. Limitée d'abord aux régions que les grands glaciers n'avaient pas envahis, elle pénètre après la fonte de ceux-ci en Suisse, suivie d'un cortège d'animaux, dont plusieurs, aujourd'hui éteints, ont laissé leurs squelettes dans les alluvions des rivières et dans le loess du Rhin et du Rhône.

5° Le climat s'améliore. La flore arctique, qui régnait de la Scandinavie jusqu'en Suisse, est reléguée dans les hautes vallées des Alpes et remplacée par la flore actuelle. Quant aux animaux, quelques-uns persistent, les autre meurent comme le mammouth et le rhinocéros velu, ou bien émigrent, les uns dans les régions boréales, les autres dans les régions alpines, après avoir été les contemporains de l'homme des cavernes pendant l'âge paléolithique. Une autre race d'hommes, la race arienne apparaît en Europe, accompagnée de la plupart des animaux domestiques qui nous entourent. C'est l'âge néolithique ou l'ère moderne qui commence.

APPENDICE

I

LISTE DES FOSSILES PLIOCÈNES QUI SE TROUVENT MÊLÉS AUX
DÉPOTS MORAINIQUES[1].

1. Espèces provenant des dépots erratiques de Bernate près Camerlata

'Cerithium vulgatum Brug.
'Cerithiopsis scabrum Olivi
Pleurotoma turricula Broc.
    »   interrupta Broc.
    »   brevirostris Broc.
    »   Bellardii Desm.
    »   dimidiata Broc.
    »   oblonga Broc.
    »   intarta Broc.
'Defrancia clathrata M. d. Serr.
Fusus aduncus Bronn
    »   lignarius Defr.

Murex scalaris Broc.
    »   trunculus L.
    »   spinicosta Bronn
Triton distortum Broc.
Ficula geometrica Bors.
'Buccinum limatum Ch.
    »   mutabile L.
    »   reticulatum L.
    »   costulatum Broc.
    »   semistriatum Broc.
    »   dissimile Mayer spec.
                      nov.

[1] Les espèces marquées d'une astérisque (*) sont vivantes.

Buccinum musivum Broc.
» polygonum Broc.
» turritum Bors.
Turitella bicarinata Eichw.
» subangulata Broc.
» communis Risso
» vermicularis Broc.
Terebra Basteroti Nyst
» fuscata Broc.
» acuminata Bors.
» pertusa Bast.
Purpura striolata Bronn
Mitra striatula Broc.
» scrobiculata Broc.
ʼChenopus Pes Pelicani L.
» Uttingeri Risso.
ʼCancellaria cancellata L.
Columbella Borsoni Bell.
» scripta L.
» tiara Broc.
» subulata Broc.
ʼRanella marginata M.
» lævigata Lmk.
Triton affine Desh.
Strombus coronatus Defr.
Nassa clathrata Born
» serraticosta Bronn
» corniculum Olivi
» obliquata Broc.
» semistriata Broc.
» clathrata Born

Nassa pusilla Phil.
» musiva Broc.
ʼRingicula buccinea Desh.
Cassis variabilis Bell.
Cassidaria echinophora.
Rissoina pusilla Broc.
Conus striatulus Broc.
» ponderosus Broc.
» pyrula Broc.
» Mercati Broc.
» deperditus Brug.
» turricula Broc.
» ventricosus Bronn.
» mediterraneus Brug.
Solarium simplex Bronn
» siculum Cantraine
ʼNatica macilenta Phil.
» Guillemini Payr.
» neglecta Mayer.
» helicina Broc.
» millepunctata Lmk.
» plicatula Bronn
» josphinæ Risso.
Nerita Bronni Jan.
Dentalium sexangulare Gm.
» inæquale Bronn
ʼVermetus intortus L.
Venus plicata Gm.
Lucina miocenica Michel.
» spinifera Mont.
ʼCardium hians Broc.

2. *Espèces de marnes ou limons de la Breggia, dans le Tessin, spécialement des fours de Balerna et de Pontegana.*

Columbella Tiara Broc.   Turitella subangulata Broc.

Syndosmia obovalis Wood   Tellina elliptica Broc.

Lucina lactea L.   Pecten cristatus Bronn

auxquelles il faut ajouter, comme étant d'une haute importance pour la question qui nous occupe :

le Brissopsis Peccholi Desor (voir page 39).

II

LES PLANTES DES DÉPOTS PLIOCENICO-GLACIAIRES.

Jusqu'ici les gisements de Bernate, près Camerlata, et du fiord de la Breggia, dans le Tessin, les seuls où des dépôts morainiques se trouvent mêlés à la faune pliocène, ne nous avaient fourni que des débris végétaux indéterminables. Je reçois, à la dernière heure, par les soins de M. L. Mari, bibliothécaire à Lugano, une petite collection d'empreintes de feuilles qu'il vient de recueillir à Pontegana, dans la gorge de la Breggia, avec un certain nombre de coquilles marines pliocènes (Pecten cristatus Bronn, Columbella Tiara Broc., Brissopsis Pecchioli Desor). Je me suis empressé de les communiquer à notre éminent botaniste M. O. Heer, qui y a reconnu les deux types suivants :

1° un saule qui se rapproche beaucoup du Salix denticulata H. (Salix Haidingeri Ett.), espèce tertiaire qui se trouve aussi au Hohe-Rhone, à Oeningen et à Bilin. Elle est en même temps très voisine du Salix riparia W., espèce vivante très commune, que l'on retrouve partout le long des rivières de la plaine et jusque dans les régions basses des Alpes;

2° une espèce de châtaigne, Castanea Kubinyi Kov., qui est très abondante dans la formation dite sarmatique des géologues autrichiens, en Hongrie aussi bien qu'en Autriche, et qu'on retrouve aussi dans les terrains récents de la Spezzia. Or cette espèce est très voisine de la

châtaigne d'Italie (Castanea vulgaris Lmk.), si même elle n'est identique.
Il est probable aussi que les quelques débris de bois recueillis à la
Breggia, et que l'on avait attribués vaguement au châtaignier, se rap-
portent à la même espèce.

En conséquence, il faut qu'à l'époque où les cailloux striés des Alpes
venaient se mêler au limon du fiord de la Breggia, le climat du Tessin
ait été sensiblement le même que de nos jours, ce qui confirme les résultats auxquels nous avait conduit l'étude de la faune combinée avec
les végétaux des stations pliocènes du Piémont (p. 44).

III

NOTE ADDITIONNELLE.

Au moment de mettre sous presse, nous apprenons par notre ami,
Ch. Martins, que M. Trutat a reconnu au Boulou (Pyrénées orientales),
des marnes pliocènes relevées entre deux dépôts glaciaires incontestables. Voilà donc les deux époques glaciaires qui se retrouvent dans les
Pyrénées avec soulèvement de la côte. Voir Comptes-rendus de l'académie
des sciences du 26 avril 1875.

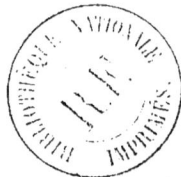

TABLE DES MATIÈRES

Pages.

Préface   VII

Chapitre premier. — Description du paysage morainique. Sa
    signification   1

Chapitre deuxième. — Rapport du paysage morainique avec
    les formations pliocènes d'Italie   28

Chapitre troisième. — Les formations morainiques au point de
    vue du climat   47

Chapitre quatrième. — Chronologie glaciaire ou ordre de suc-
    cession des phénomènes   57

Chapitre cinquième.— Soulèvements et changements de niveau   70

Chapitre sixième. — Doutes et difficultés.
    I. Origine des lacs. Théorie de l'affouillement   74
    II. Succession des climats   84

Résumé   89

Appendice   91

CARTE DE LA RÉGION MORAINIQUE
d'Amsoldingen

Échelle 1:75000

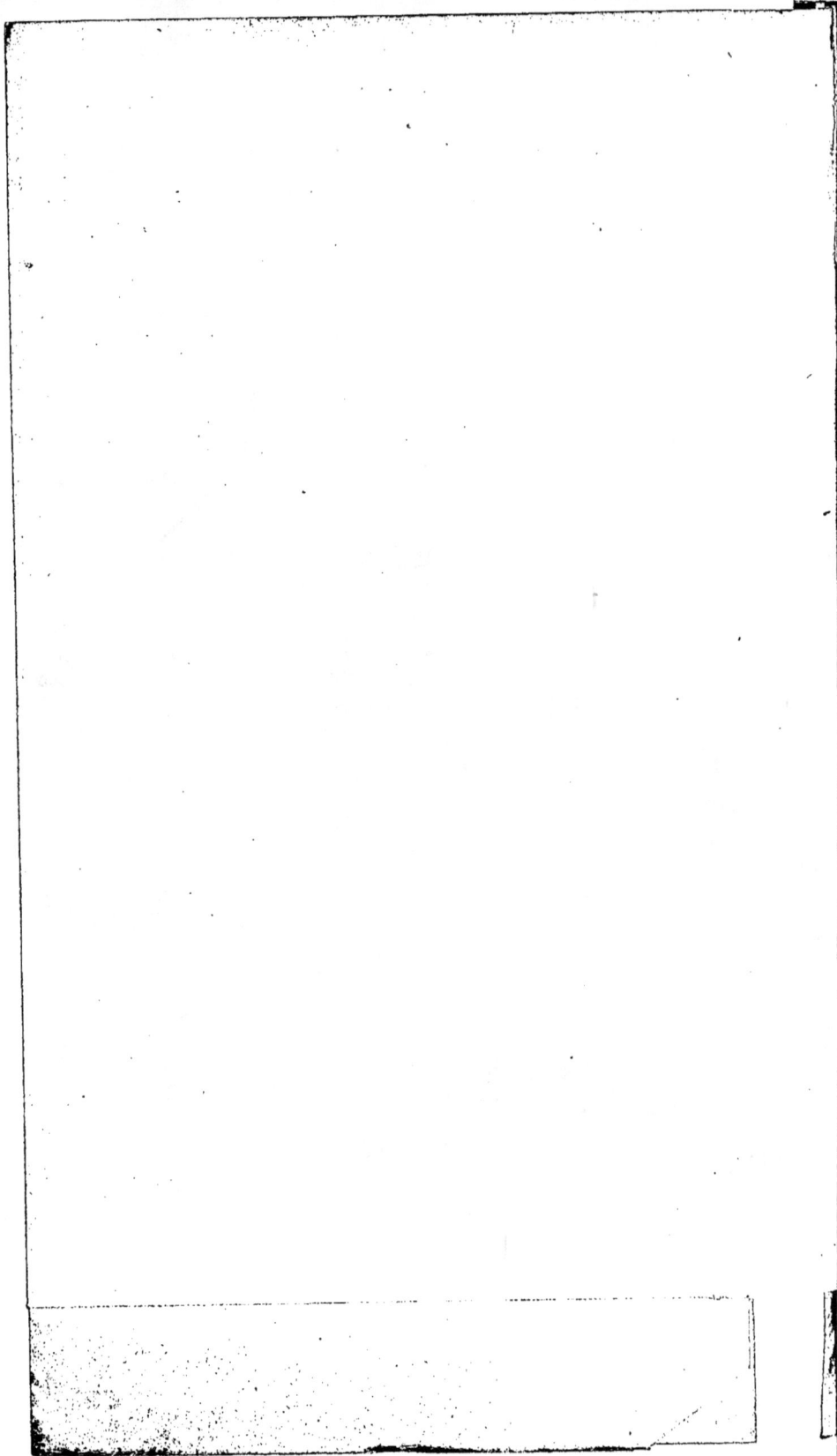

Glacier supérieur de Grindelwald

Im Pachers

Auf dem Holz

Rosin Rosi

Hüttenbühl

Gollarezefli

Rosin Gletscherli

Im Brand

Schlüttbergbe

Rincee - Wengi

PLAN TOPOGRAPHIQUE
des marianes latérales et terminales
et des contours de l'extrémité inférieure
DU GLACIER SUPÉRIEUR DE GRINDELWALD.
Levé au mois d'Aout 1861

Coordination et nivellement exécutés par J. Wörter.

Échelle de 1:23000

OUVRAGES DU MÊME AUTEUR

Synopsis des Echinides fossiles, avec de nombreuses planches. Paris et Wiesbade 1858.

Echinologie helvétique, description des oursins fossiles de la Suisse, par E. Desor et P. de Loriol. In-4°. Wiesbade et Paris 1868 à 1872.

Les Palafittes ou constructions lacustres du lac de Neuchâtel. Paris, Reinwald 1865.

Die Pfahlbauten. Traduction allemande des Palafittes. Francfort, Adelmann 1866.

Der Gebirgsbau der Alpen, avec une carte coloriée. Wiesbaden 1865.

Le bel âge du bronze lacustre en Suisse, par E. Desor et Louis Favre. Un volume in-folio orné de cinq planches chromolithographiées et de nombreuses vignettes. Paris, Sandoz et Fischbacher 1874.